三维图像设计案例教学基础

李甲辉　编著

中国纺织出版社有限公司

图书在版编目（CIP）数据

三维图像设计案例教学基础／李甲辉编著 ． -- 北京：
中国纺织出版社有限公司 ，2024．8． -- ISBN 978-7
-5229-2129-7

Ⅰ．TP391.414

中国国家版本馆 CIP 数据核字第 2024UM0691 号

责任编辑：朝　阳　郭　婷　责任校对：王蕙莹　责任印制：储志伟

中国纺织出版社有限公司出版发行
地址：北京市朝阳区百子湾东里 A407 号楼　邮政编码：100124
销售电话：010—67004422　传真：010—87155801
http://www.c-textilep.com
中国纺织出版社天猫旗舰店
官方微博 http://weibo.com/2119887771
河北延风印务有限公司印刷　各地新华书店经销
2024 年 8 月第 1 版第 1 次印刷
开本：787×1092　1/16　印张：13
字数：220 千字　定价：98.00 元

前　　言

　　计算机辅助设计是艺术设计类专业普遍应用的重要手段之一,而 3ds Max 是计算机辅助设计最为重要的软件之一,其在广告、建筑、工业设计、动漫、家具、室内设计中应用广泛,例如,应用 3ds Max 建立尺度比例合理的三维模型、渲染制作栩栩如生的效果图、制作各种动画等。3ds Max 功能强大,实用性强,逐渐成为艺术设计类专业人士进行设计时最流行的表达手段。

　　3ds Max 模型的建立、效果图的渲染是按照现实进行模拟的,几乎等同于产品已经制作出来摆在人们的面前,犹如用眼睛观察客观存在的真实产品,等同于产品照片,无限接近于真实。鉴于 3ds Max 在产品设计上有如此杰出的视觉表现效果,有些企业甚至直接用设计方案 3ds Max 模型与效果图代替产品开发的第一次放样,大大节约了产品的开发成本,缩短了产品开发周期。

　　本书是编者根据多年的教学实践与设计实践经验编写的,尽量使用基础理论与案例操作体现 3ds Max 软件的知识重点与要点,用大量的案例解析充分展示综合应用 3ds Max 软件的技能与方法,理论教学附有案例实践,综合案例配有理论分析,将理论教学、案例解析以及三维设计有机统一。

　　由于时间仓促,加之编者水平有限,书中难免出现不足之处,敬请读者批评指正。

李甲辉

2024 年 4 月

项目名:四会文化品牌建设与宣传服务团队

编　号:SD202412

目　　录

1　3ds Max 的工作界面

3ds Max2024 被安装好后，可以通过下面 3 种方法来启动 3ds Max。

第 1 种：双击桌面上的快捷图标（图 1-1）。

第 2 种：执行"开始＞Autodesk 3ds Max＞3ds Max Simplified Chinese"命令（图 1-2）。
3ds Max 有多国语言版，只有 Simplified Chinese 才是简体中文版。

第 3 种：双击已经创建好的 3ds Max 文件（图 1-3）。

启动完成后可以看到其工作界面（图 1-4）。3ds Max 的视口显示是四视图显示，如
果要切换到单一的视图显示，可以单击界面右下角的"最大化视口切换"按钮或按 Alt＋
W 组合键（图 1-5）。

图 1-1　快捷图标

图 1-2　执行命令

图 1-3　3ds Max 文件

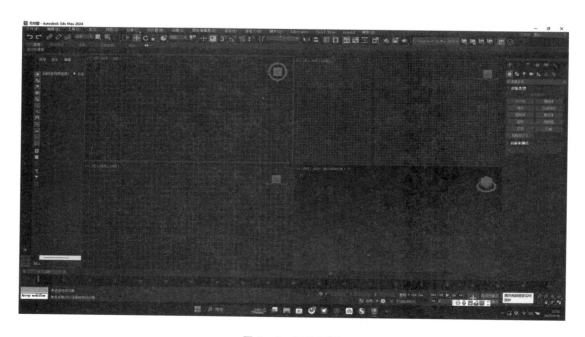

图 1-4　工作页面

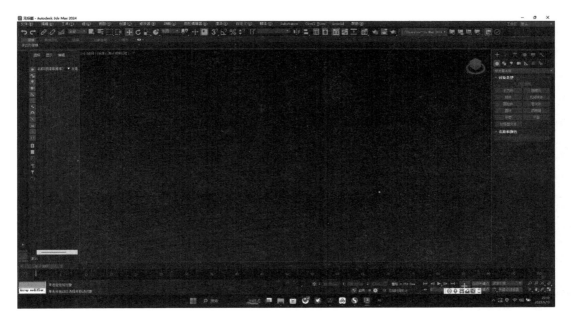

图 1－5 单一视图

3ds Max 的工作界面分为标题栏、菜单栏、主工具栏、视口区域、视口布局选项卡、场景资源管理器、Ribbon 工具栏、命令面板、时间尺、状态栏、时间控制按钮和视口导航控制按钮共 12 部分（图 1－6）。

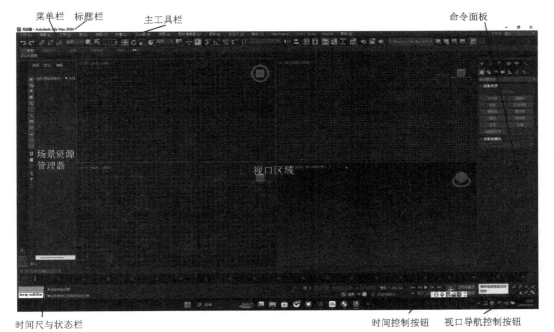

图 1－6 3ds Max 工作界面的 12 部分

2 3ds Max 的基本操作

三维软件跟平面软件最大的不同，就是可以通过不同的视图对模型进行 360°的观察。3ds Max 启动后，我们要对整个画面进行控制，首先要了解物体的视图。一般来说物体的视图有四个，分别是顶视图、前视图、左视图和透视图。为了更好控制视图的切换，3ds Max 设置了快捷键，在键盘分别按下对应的字母（注意：需要在英文输入的模式下）。分别是 T（top）对应顶视图，F（front）对应前视图，L（left）对应左视图，P（perspective）对应透视图。

- T——顶视图；F——前视图；L——左视图；P——透视图；U——正交视图；B——底视图；C——摄影机视图（如果场景中存在摄影机）。

在观察 3ds Max 模型的时候，可以通过鼠标和键盘的结合操作改变视角去观察模型的各个细节（图 2-1）。我们可以扭转角度，也可以放大缩小，还可以平移视图（注意这个一般是指透视图）。

1. 改变视角：键盘上的 Alt 键加鼠标中键，两个键同时按下时移动鼠标。

2. 缩放：通过前后滚动鼠标中键滚轮可以放大和缩小视图。

3. 平移视图：按下鼠标中键，同时移动鼠标就可以平移视图。

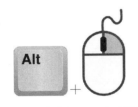　　　　　　　　

（a）两键同时按下，移动鼠标　　　（b）滑动鼠标中键　　　（c）按下鼠标中键，移动鼠标

图 2-1　鼠标键盘结合的操作

3　3ds Max 的显示

3ds Max 有 3 种不同的视图显示方式以便于我们更好地观察与操作，显示方式的不同，不会改变物体的材质等其他属性。

以上的显示方式可以通过键盘上的快捷键来调整，其中图 3-1、图 3-2 为默认显示方式，按键盘 F3 和 F4 可以切换线框和边面的显示方式。按下 F3 为模型实体跟线框的切换（图 3-3），F4 为如果在实体的情况下，在实体基础上加边面显示（图 3-4）。3ds Max 默认是有栅格的，不需要的同学们可以按键盘 G 键关掉。

模型的半透明和不透明方式的显示可以通过 Alt＋X 键进行切换。

3ds Max 还有其他有较强艺术感的显示方式（图 3-5、图 3-6），可以通过右击视图左上角中的"透视"图标切换不同的显示风格（图 3-7）。

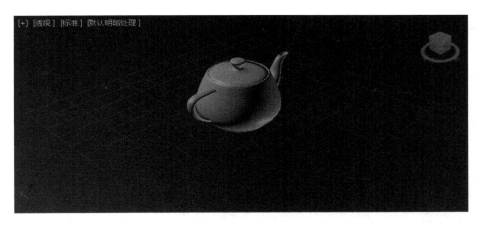

图 3-1　默认明暗视图显示

图 3 - 2　默认明暗视图显示

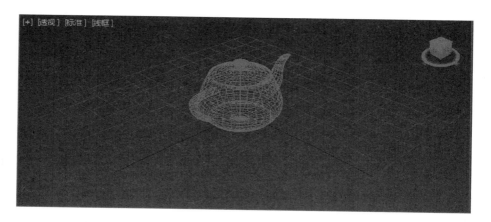

图 3 - 3　线框显示

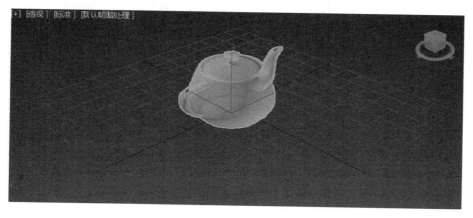

图 3 - 4　半透明显示

图 3-5　石墨显示

图 3-6　水墨显示

图 3-7　边面明暗处理

4　3ds Max 的设置案例

在开始应用 3ds Max 的时候，要先进行一个基本的设置。首先是关于单位的设置，3ds Max 是一个对单位非常重视的软件，三维模型在软件里对应了物理尺寸，我们在不同的领域应用中需要对其单位进行不同的设置，如在建筑模型创建时，需要将单位设置成毫米，这样可以对应 CAD 文件的尺寸。

在菜单栏打开自定义，在设置单位上根据需要将单位设置成毫米、厘米、米等长度单位（图 4-1、图 4-2、图 4-3）。

图 4-1　单位设置

图 4-2　显示单位比例

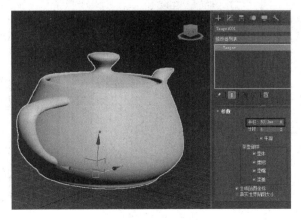

图 4-3　参数

因为 3ds Max 软件是一个大型软件，相对一些平面软件来说，3ds Max 软件的稳定性没有一些小型软件那么高，那么就需要对其保存功能进行设置（图 4 - 4、图 4 - 5、图 4 - 6）。这样可以保证同学们在一定时间内做的东西能够自动保存，同时，我们在操作的过程中有可能会撤回多次导致操作失误，也可以通过调整后退的步数来保存数据。

图 4 - 4　首选项

图 4 - 5　场景撤销级别

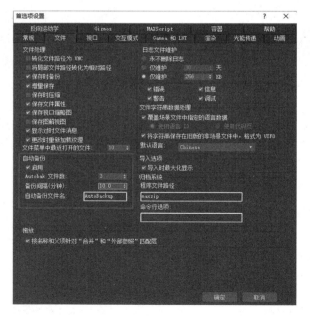

图 4 - 6　自动备份

软件的基础设置完成后，即可开始创作。我们先来认识一下 3ds Max 的创建面板和修改面板（图 4-7、图 4-8）。这两个面板是我们在 3ds Max 建模里面使用非常多的两个面板，在建模阶段，基本上只使用这两个面板里面的内容。我们先在创建面板里面选择并创建基础的几何图形，如球体、长方体、圆柱体等，然后在修改面板修改相应的参数得到大体的模型，接着对模型进行细化，或者增加修改器，在修改器里进行修改，得到最终模型。

图 4-7　创建面板　　　　　图 4-8　修改面板

总结：修改器的应用是 3ds Max 软件非常重要的一部分。3ds Max 通过增加修改器的方法让各个功能得到实现，比如需要将模型进行平滑，可以加上涡轮平滑的修改器；需要对模型进行修改，可以加上可编辑多边形修改器。总的来说，3ds Max 对修改器的应用是非常广泛的。很多功能都是通过修改器的不断叠加而实现的。同学们在学习 3ds Max 的时候，可以先了解修改器的作用。

4.1 案例 1：台灯的建模

分析：这个台灯模型基本上是由不同尺寸的圆柱体所构成的（图 4-1-1）。我们可以通过创建圆柱体，然后修改圆柱体的参数，形成不同尺寸的圆形柱体，再调整及所在的位置，让其达到我们的造型要求。

图 4-1-1　台灯造型

创建一个圆柱体作为台灯的底座，圆柱体半径为 100mm，高度为 15mm。

圆柱体被激活后（图 4-1-2），在视图的任意位置按下鼠标左键，然后拖动鼠标，便可以创建一个尺寸不明确的圆柱体（图 4-1-3）。

图 4-1-2　创建圆柱

图 4-1-3　模型店轴

　　然后进入修改面板，在圆柱体的参数中做修改，设置其半径为 100mm，高度为 15mm，其他设置保持默认（图 4-1-4）。

　　我们需要先了解软件里的轴（图 4-1-3），3ds Max 的轴有 X（红色），Y（绿色）和 Z（蓝色）三个方向。

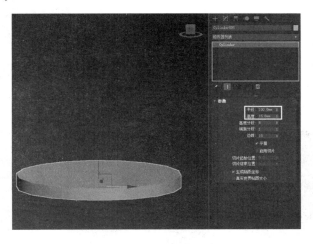

图 4-1-4　尺寸调整

　　作为一款三维软件，软件中的模型要体现位置、方向和大小三种属性，可以通过软件中的"选择并移动""选择并旋转"和"选择并均匀"等缩放工具对模型进行处理（图 4-1-5）。

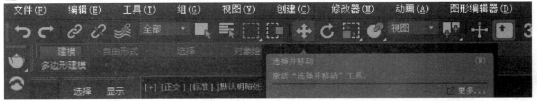

图 4-1-5　调整物体的三个工具

　　为了更加方便使用这些功能，软件有相应的快捷键（英文输入法）。

　　• W——选择并移动；E——选择并旋转；R——选择并均匀缩放工具。

　　这时候我们要创建台灯的台灯杆，可以重新创建一个新的圆柱体。但在实际当中，我们通常会用更为简单的方法。点击"选择并移动"工具的按钮或者按键盘上的 W 键激活选择并移动工具，按住键盘上的 Shift 键，鼠标放在一轴的方向上往上面拖动，就能复制出来一个新的圆柱体（选择复制进行复制）（图 4-1-6）。我们只要通过修改圆柱体的参数就可以得到台灯杆。

　　复制：复制物体的参数，克隆体和原来的物体各自独立，互不影响。

实例：复制物体的参数，克隆体与原来的物体相互联系，其中一个参数改变，另一个也随之改变。

参考：复制物体的参数，克隆体与原来的物体相互联系，但克隆体的参数只能随原来的物体改变，不能自行改变。

副本数：所复制模型的数量。

通过同样的方法，复制得到新的圆柱体。然后再修改其参数（图4-1-7、图4-1-8、图4-1-9），得到最终模型。

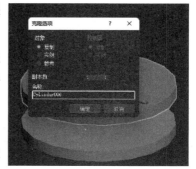

图4-1-6 复制的方法

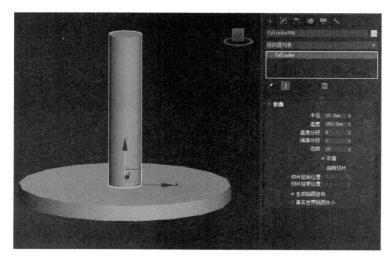

图4-1-7 制作台灯1

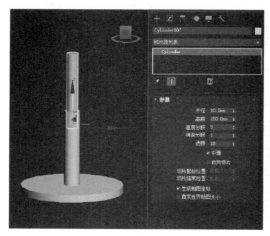

图4-1-8 制作台灯2

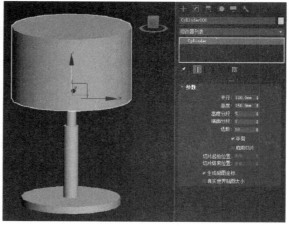

图4-1-9 制作台灯3

关于模型的复制有三种方法。

方法一：使用移动、旋转、缩放工具进行复制。

用户可以通过使用"移动工具""旋转工具"或"缩放工具"来复制物体。例如，若要复制某个物体，用户首先要选择该物体，并在键盘上按下快捷键 Shift，在选择"移动工具"等任意工具之一后，直接拖动鼠标移动物体即可。在选择完毕后，可以看到"克隆选项"面板，其中可调节物体数量，初始默认值为 1。

方法二：使用复制命令进行复制。

在 3ds Max2020 的右键操作菜单中，用户可以找到"克隆（C）"命令，英文版则为"Clone"。选择所需对象后，直接单击该命令即可将物体复制到原地。在弹出的"克隆选项"面板中，可以选择"复制"或"实例"进行物体复制。

方法三：使用快捷键进行复制。

对于经常使用 3ds Max2020 进行建模的用户来说，直接通过快捷键复制物体可能是更方便的选择。用户只需按下键盘上的 Ctrl＋V 快捷键，即可跳出与第二种方法相同的"克隆选项"面板。然后根据需要选择"实例"或"复制"即可完成物体的复制。

为了帮助灯罩上下开孔，我们要对灯罩的模型进行处理，将圆柱体转为可编辑多边形，可以通过以下三种方法进行转换。

方法一：在物体上单击鼠标右键，选择转换为可编辑多边形（图 4-1-10）。

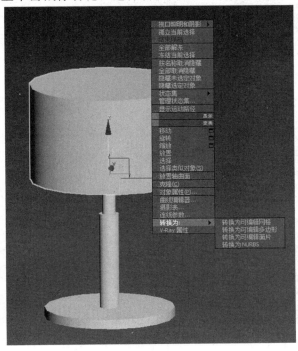

图 4-1-10　转为编辑多边形模式 1

方法二：在修改面板中右击物体的文件，选择可编辑多边形（图4-1-11）。

方法三：在修改面板中点击修改器列表，选择可编辑多边形（图4-1-12）。

图4-1-11　转为编辑多边形模式2　　　　图4-1-12　转为编辑多边形模式3

第一部分可编辑多边形一共有五个次物体层级，每个不同的次物体层级都有与之相对应的命令和功能（图4-1-13）。分别是：

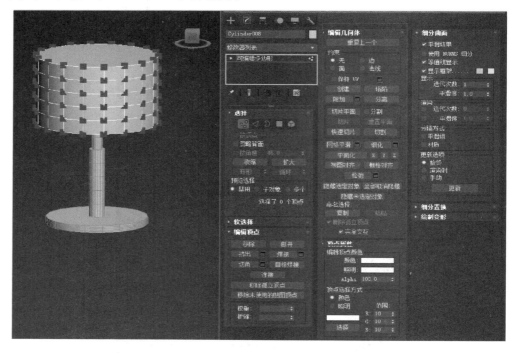

图4-1-13　不同的次物体层级与之相对应的命令和功能

1. 顶点：编辑模型的定点（对应快捷键为 1 键）；

2. 边：编辑模型的边（对应快捷键为 2 键）；

3. 边界：编辑模型的边界（对应快捷键为 3 键）；

4. 多边形：也叫面，编辑模型的各个面（对应快捷键为 4 键）；

5. 元素：编辑多边形内部的不同元素（对应快捷键为 5 键）。

第二部分可根据第一部分所选择的物体层级变化。如果我们选择顶点的层级，那出现内容将是主要编辑顶点的。如果选择边线的话，那相对应的是边，其他的以此类推（图 4 - 1 - 14）。

图 4 - 1 - 14　可编辑多边形的五个次物体层级

第三部分可编辑多边形的一些工具，使用相关的工具对模型进行调整，如增加点和线，或减少点和线等，关于这一部分的学习在以后的案例会详细说明。

将物体转化为可编辑多边形后，点击"多边形层"（或者按键盘的 4 键），进入多边形的编辑模式，点击圆柱体顶上的面（图 4 - 1 - 15）。按下键盘 DEL 键（删除键）删除顶上的面（图 4 - 1 - 16）。

点击边界层级。进入边界的编辑模式，鼠标选择边界，然后点击"缩放模式"（也可以按键盘上的 E 键）（图 4 - 1 - 17、图 4 - 1 - 18）。按住键盘上的 Shift 键拖动鼠标，这时候产生了新的边界，同时往里面收缩。

总结：本教程作为一个基础教程，我们可以从了解 3ds Max 里面的基本的几何体模型的创建开始。在修改面板当中，修改主要图形的参数，将结合体转化成可编辑多边形，处理解体的面和线。

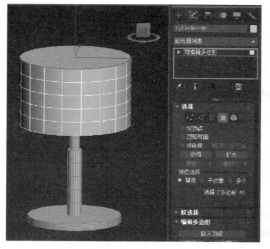

图 4-1-15 选择顶面

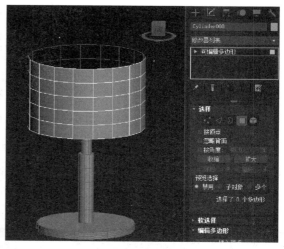

图 4-1-16 删除顶面

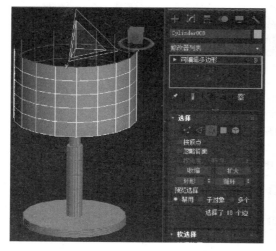

图 4-1-17 选择边界

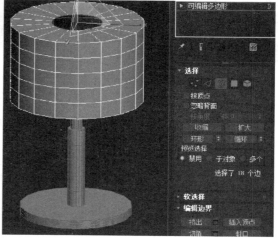

图 4-1-18 点击缩放模式

4.2 案例2：椅子的创建

　　分析：这是一张圈椅（图4-2-1），对于家具来说，非常注重其尺寸和比例，在建模之前需要先了解其尺寸。通过了解，圈椅的坐高约为450mm，坐宽约为500mm，椅子的高度约为1100mm，不过图中的椅子的高度偏低，计划改成900mm。

图4-2-1　椅子效果图

1. 按键盘上的T键切换到顶视图。
2. 创建一个长方体：长度为450mm，宽度为500mm，高度为25mm（图4-2-2）。

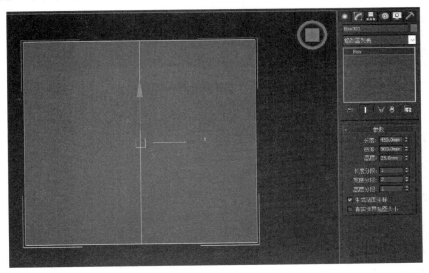

图4-2-2　建长方体

3. 高度分段设置为 2（数字化创作的便利性，可以更好的复制或者镜像同样的内容，在观察的时候发现椅子很多地方是镜像的，那就可以只做一半的内容通过镜像的方法得到另外一半）。

4. 将长方体转化为可编辑多边形。

5. 进入面层级，选择一半的面，按 DEL 键（删除键），删除一半的面（图 4 - 2 - 3）。

6. 调整长方体的高度（在选择并移动模式选择 Z 轴方向 475mm）（图 4 - 2 - 4）。

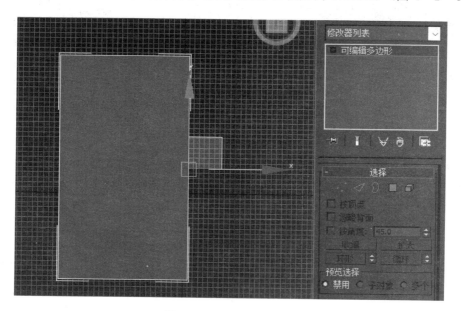

图 4 - 2 - 3　删除一半

图 4 - 2 - 4　调整物体在空间的位置

7. 进入线层级，在选择并移动模式（W 健），选择全部竖边（图 4 - 2 - 5）。

8. 单击连接旁边的按钮（图 4 - 2 - 5）。

注意：连接上增加线的一个方式，用于连接两条或多条线。

9. 在新出现的窗口，输入 2，增加两条连接线（图 4 - 2 - 6），需要按一下确认（图 4 - 2 - 7）。

10. 在新出现的窗口，输入 2，继续增加两条连接线，需要按一下确认（图 4 - 2 - 8）。

11. 调整竖线的位置（图 4 - 2 - 9）。

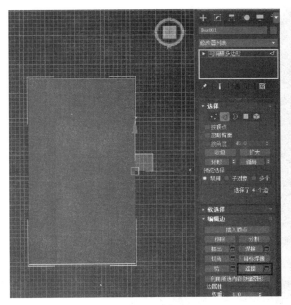

图 4-2-5 调整线

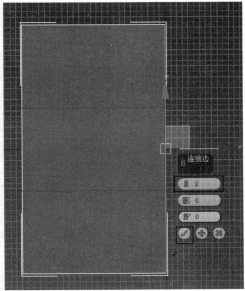

图 4-2-6 增加线

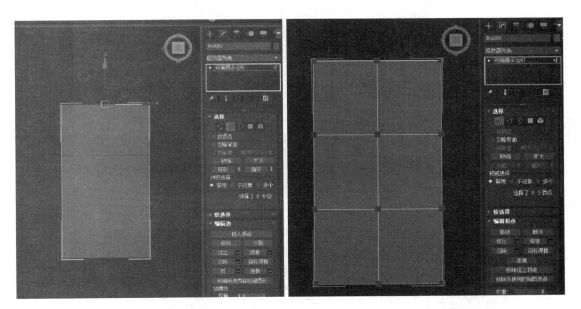

图 4-2-7 选择线　　　　　　图 4-2-8 继续增加竖线

12. 进入面层级，选择面（4-2-10），单击挤出右边的小方块，在新出现的窗口输入-5mm，使得该面往下面挤下去。

13. 在挤出的过程中，产生了一些垂直的面（图 4-2-11），为了做下一步的焊接，需要将其删除。

14. 根据图 4-2-12 的镜像制作，复制出对称点模型（图 4-2-13）。

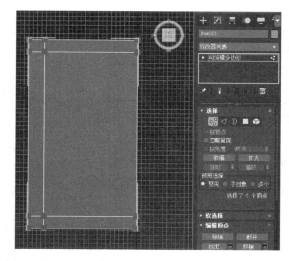

图 4－2－9　调整竖线的位置

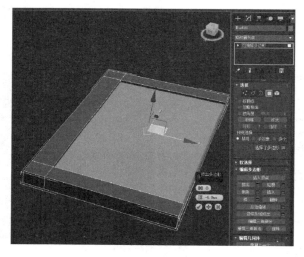

图 4－2－10　进入面层级

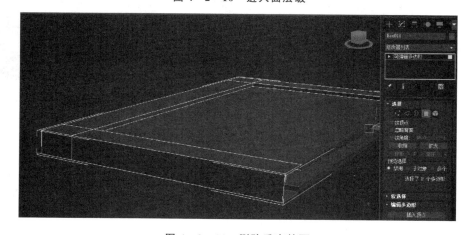

图 4－2－11　删除垂直的面

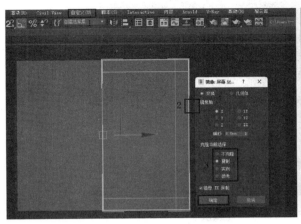
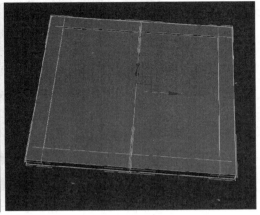

图 4-2-12　镜像的操作方法　　　　　图 4-2-13　镜像后得到一样的造型

15. 将两个独立的模型附加在一起（图 4-2-14）。

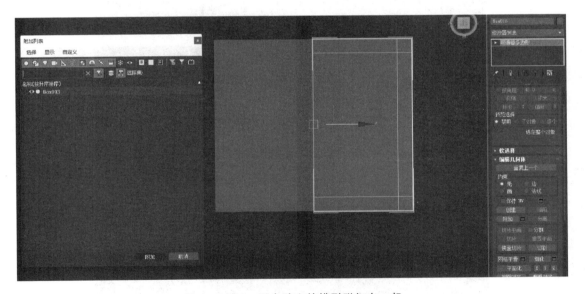

图 4-2-14　两个独立的模型附加在一起

注意：通过附加虽然能将不同的物体形成一个整体物体，但是在元素层级下会发现两个物体依然是分离的（图 4-2-15），这时需要将两个物体完全焊接在一起。

16. 激活边界层级，选择边界（图 4-2-16），点击线层级，点击焊接后边方块，出现的窗口，输入 0.1mm，确定将来个物体焊接一起（图 4-2-17）。

图 4 - 2 - 15　两部分依然独立

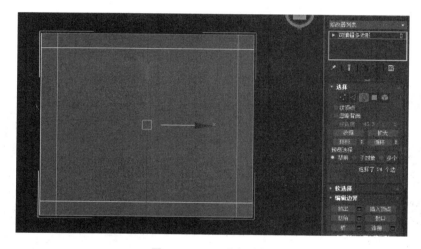

图 4 - 2 - 16　选择边界

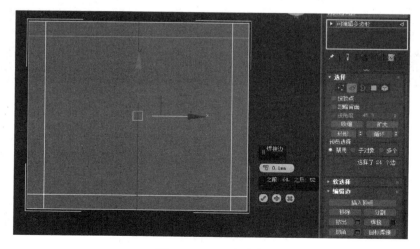

图 4 - 2 - 17　改选线

接下来需要做圈椅的脚了，此步骤需要了解一个新的内容，就是 3ds Max 的图形建模方式。在创建面板中，除了几何体外，还有图形、灯光、摄影机等选项，对应的内容在菜单栏的创建菜单上都能找到（图 4 - 2 - 18）。因为圈椅的脚有比较平滑的圆弧形，之前的 Polygon 建模方式很难解决，而图形中的样条线能够较好地解决这样的问题。

利用图形里的内容，可以创建一些平面的图形，再将二维的平面图形转成三维图形便可以得到想要的图形了（图 4 - 2 - 19）。

图 4 - 2 - 18　图形建模

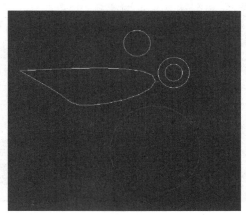

图 4 - 2 - 19　使用图形绘画

在左视图下，进入创建面板的图形模式，选择线之后创建一条线，在图中的三个圆点处点三次，然后点击鼠标的右键退出线的绘制模式（图 4 - 2 - 20）。

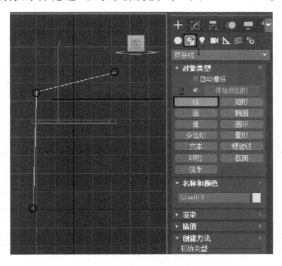

图 4 - 2 - 20　画出基本造型

视图改为顶视图，进入修改面板，刚才所绘制的线有三个属性，分别为顶点、线段和样条线，选择顶点，点击优化可以在 A 点上增加一个点，然后将边上的点移到 B 点的位置（图4-2-21）。

现在得到线段都是比较死板的，需要对这些点进行圆滑．在视图中选择需要圆滑的点，调整修改面板圆角右边的数值便可以圆滑线条（图4-2-22）。

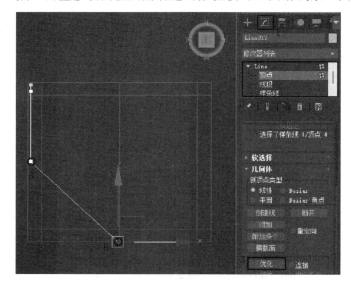

图4-2-21　调整点的位置　　　　　　　　图4-2-22　圆滑点

在图形面板创建的图形，无论是矩形还是圆，或者是文本，都可以通过右击鼠标将其改成样条线。而所有的样条线都有三个属性——顶点、线段和样条线，其中顶点和线段很好理解，样条线跟之前的可编辑多边形的元素是一样的概念。

开始只是完成了一半，通过镜像的方法完成另外一半（图4-2-23）。

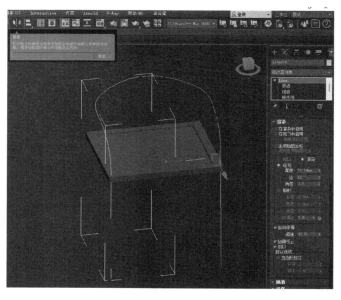

图4-2-23　镜像另一边

通过附加的命令将两段线段融合在一起（图 4 - 2 - 24）。操作的方法是先点击附加再点击另外一条线段。

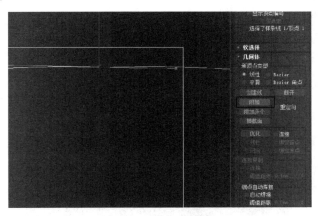

图 4 - 2 - 24　两部分结合

当放大两条线段之间的连接点的时候，会发现两根线段没有真正连接在一起（图 4 - 2 - 25）。为了让两根线段连起来，使用连接的命令连接各个端点（图 4 - 2 - 26）。操作上有点复杂，点击连接后，在一个端点上点击鼠标左键，注意不能松开鼠标左键，将鼠标移到另外一个点上，当出现不同的图案时，松开鼠标便可（图 4 - 2 - 27）。

重新调整每个点的位置和平滑度，确保椅子的美感（图 4 - 2 - 28）。

图 4 - 2 - 25　放大观察

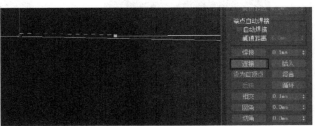

图 4 - 2 - 26　连接两点

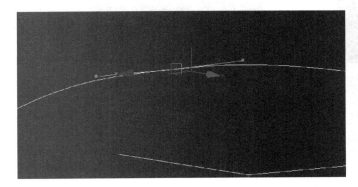

图 4 - 2 - 27　用鼠标连接的具体操作

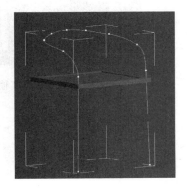

图 4 - 2 - 28　两部分连接后

现在需要将二维的图形转为三维的（图4-2-29），在渲染的层级下，勾选在渲染中启用，同时修改其厚度和边，厚度是大小的变化，边是改变模型平滑度的（图4-2-30）。再加上椅子靠背的背板，模型的整体便出来了（图4-2-31）。

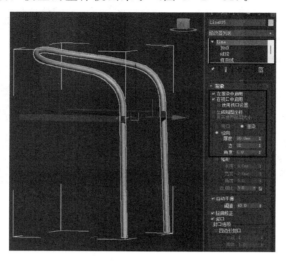

图4-2-29　激活渲染

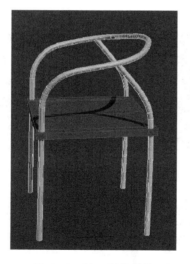

图4-2-30　制作其他

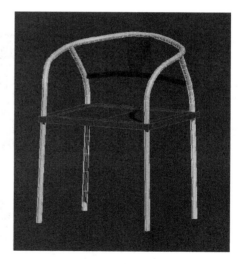

图4-2-31　完善椅子

4.3　案例 3：立体 logo 创建

3ds Max 的二维图形建模是软件里面应用非常广泛的一种建模方式，使用线条勾勒出模型的造型（图 4-3-1），再通过挤出的方法将三维的模型展现出来（图 4-3-2）。在勾勒模型的轮廓时，需要调整点的位置和性质，通过调整这些参数，从而得到准确的模型。

 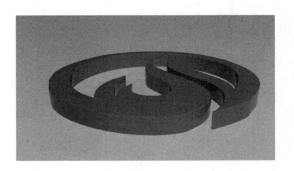

图 4-3-1　参考图　　　　　　　　　　图 4-3-2　效果图

参考图（图 4-3-3）的分辨率是 700×560，我们可以创建一个 700mm×560mm 的平面，保证模型的比例跟图片的比例一致，这样建模出来的 logo 也跟设计一样的造型。

图 4-3-3　参考图尺寸

第一步，导入参考图，需要将参考图作为贴图贴入到模型里，同时将其显示出来便可参考了。创建一个跟贴图比例一致的平面（图 4-3-4），长度为 560mm，宽度为 700mm。

第二步，打开材质编辑器（图 4-3-5）。点击面板上的"基础颜色"和"反射"的小按钮，打开材质贴图浏览器，在通用贴图当中点击位图（图 4-3-6），改变路径，选择我们的参考图（图 4-3-7），将材质球赋予到平面上面（图 4-3-8）。

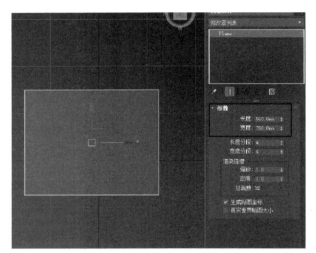

图 4 – 3 – 4　创建平面

图 4 – 3 – 5　编辑贴图

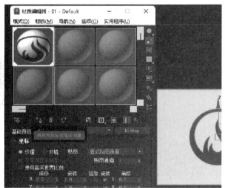

图 4 – 3 – 6　导入位图　　　图 4 – 3 – 7　选择参考图　　　图 4 – 3 – 8　将贴图赋予平面

第三步，用图形面板的线条工具依照 logo 的造型进行勾画，在勾画的过程中，即使线条没能对上参考图，也没有关系，先保证大体按照参考图进行勾画（图 4 – 3 – 9）。

注意：要保证图形是闭合的，即最后的点和开始的点是一致的，同时要避免线有交叉的地方（图 4 – 3 – 10）。

图 4 - 3 - 9　用线绕一圈造型

图 4 - 3 - 10　调整点

　　第四步，修正各个点的位置和它们所带的控制杆所控制的弧线的造型。注意每一个点有四种不同的属性，包括 Bezier 角点、Bezier、角点和平滑点，其中 Bezier 角点是包含 Bezier 和角点两种性质（图 4 - 3 - 11）。

　　注意：点的四种属性对线段的造型会造成影响，在勾图时需要根据具体情况设定点的属性。Bezier 是所说的贝尔曲线，一个点带着两个杆，控制点两边线段的造型。Bezier 角点是一边是角点的性质一边是贝尔曲线的性质，这个针对造型变化大的情况时使用。角点和平滑点是没有控制杆的，具体根据线条的走向使用。种子点的属性根据线的造型变化而改变。

　　第五步，对修改好的曲线增加挤出修改器，调整修改器的数值得到立体的 logo（图 4 - 3 - 12）。

图 4 - 3 - 11　不同的点的特点

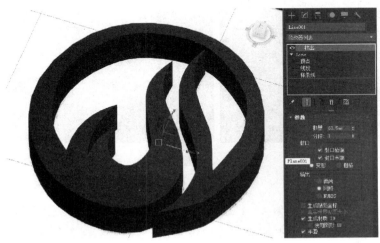

图 4 - 3 - 12　挤出

4.4 案例4：矿泉水瓶建模

本案例用 Polygon 建模的方式构建某品牌矿泉水瓶的模型，通过对点、线的处理得到精致的模型。

图 4-4-1 渲染图

新建一个边数为 16 的圆柱体（图 4-4-2），高度和半径可以先不用调整。将圆柱体转化成可编辑多边形，然后将圆柱体的面删除只剩下顶上的一个面（图 4-4-3）。

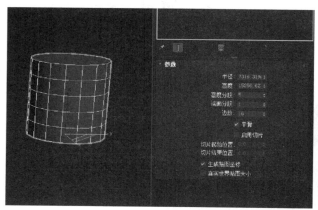

图 4-4-2 建圆柱体

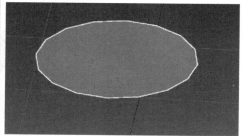

图 4-4-3 删除面，剩下一个顶面

注意：捕捉开关只在使用时打开（图 4-4-4）。

切换到顶视图，点击"捕捉开关"进行点捕捉（或按键盘上的"S"键）。在可编辑多边形模式下，选择顶点，再点击切割（图 4-4-5），将圆切割成 4 等份，再删除其中的 3 份，

图 4-4-4 激活捕捉开关

只保留 1 份（图 4-4-6）。

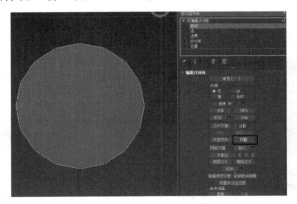

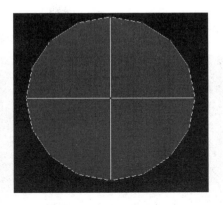

图 4-4-5 使用切割　　　　　　　　图 4-4-6 将圆分成 4 份

在图形菜单下建立一个圆，圆的尺寸跟剩下的四分之一圆对应（图 4-4-7）。

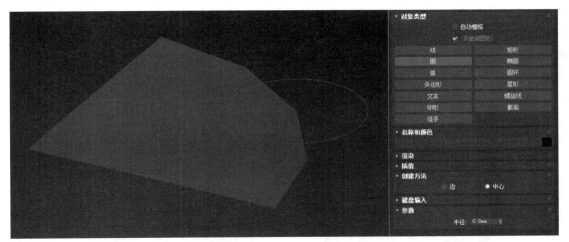

图 4-4-7 删除其中 3 份，用图形画圆

这个时候扇面跟圆是独立的物体，我们需要将圆印在扇面上，需要使用"复合对象"里的图形合并。具体操作是进入"复合对象"面板，在选择扇形的前提下，点击"图形合并"，再点击"拾取图形"，选择圆，便可将圆印到扇形上。然后将模型转为编辑多边形，方便下一步的处理。本方法可以让我们更加容易将一些图形印到模型上，方便对图形的处理。

将圆形合并到扇形（图 4-4-8）。

将两款物体重叠部分印下来（图 4-4-9）。

选择多边形工具，删除所选择的部分（图 4-4-10）。

现在半圆上有太阳的点（图 4-4-11）。使用目标焊接，焊接部分半圆上的点。方法是拉着一点到另外的点上（图4-4-12）。

使用镜像工具复制出另外3个同样的扇形，并将其附加在一起（图4-4-13）。

注意：虽然图形合并在一起，但是他们并没有真正连在一起，需要对顶点进行塌陷。

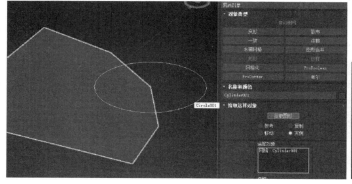

图4-4-8　将圆形合并到扇形

图4-4-9　合并效果

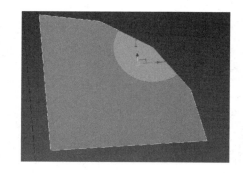

图4-4-10　选择多出来的

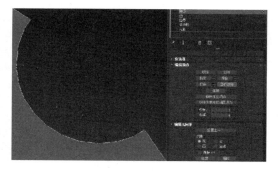

图4-4-11　目标焊接点

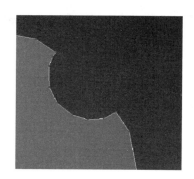

图4-4-12　处理后的点

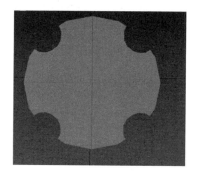

图4-4-13　镜像面

注意：分别对相交的5个点进行塌陷，让图形成为真正的整体（图4-4-14）。

选择面，使用挤出命令构建柱体模型（图4-4-15）。删除上下两面，保留柱体边缘的模型（图4-4-16）。

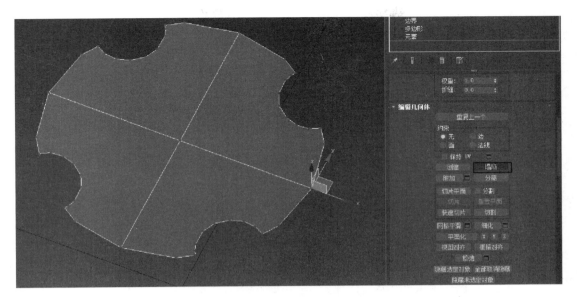

图 4-4-14　塌陷点

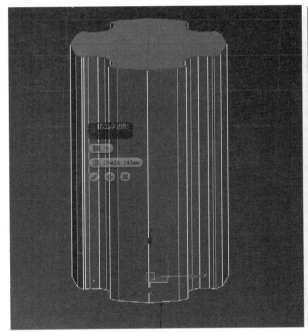

图 4-4-15　挤出

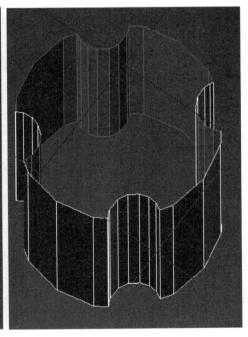

图 4-4-16　删除顶面和底面

在选择柱体模型的竖线前提下，使用连接工具对柱体模型增加更多的线（图 4-4-17）。

使用扭曲工具对瓶身进行扭曲造形（图 4-4-18）。

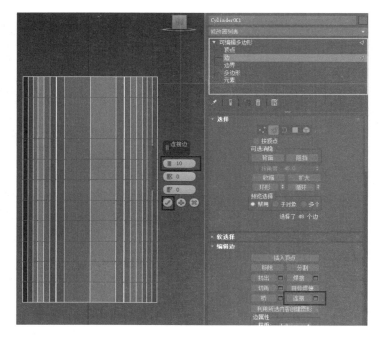

图 4 - 4 - 17 增加线

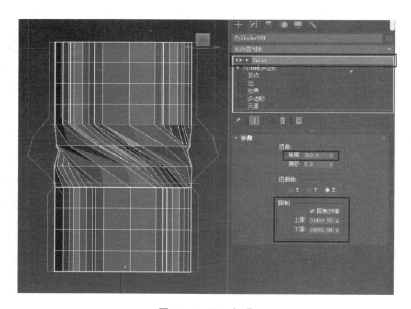

图 4 - 4 - 18 扭曲

注意：扭曲工具可以对瓶身进行局部的扭曲，通过限制的方式确定范围。

增加编辑多边形修改器，处理瓶身上下的部分（图 4 - 4 - 19）。选择瓶底的边，使用缩放工具增加瓶底，在按着 Shift 键的同时，对边进行缩小，边缘会被拉出新的边，重复这样的动作，让瓶底的造型与真实的瓶子更加接近（图 4 - 4 - 20）。

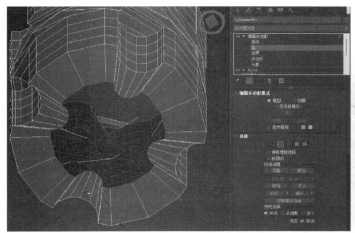

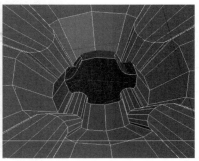

图 4-4-19　制作瓶底　　　　　　　　　图 4-4-20　完善瓶底

在边界的模式下，右击鼠标，对模型进行封口（图 4-4-21、图 4-4-22）。

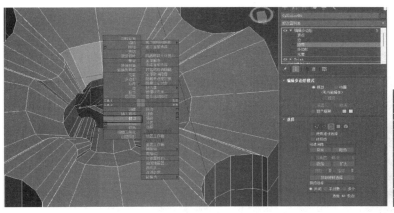

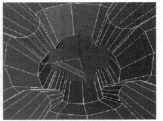

图 4-4-21　封口　　　　　　　　　　　图 4-4-22　封口后

使用同样的方法缩小瓶口的尺寸，调整好点的位置，让其形成一个正圆，进而可以形成一个瓶口的造型（图 4-4-23、图 4-4-24）。

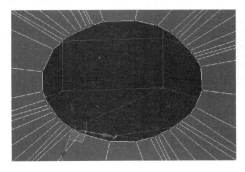

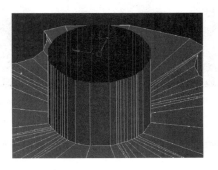

图 4-4-23　制作瓶口　　　　　　　　　图 4-4-24　拉出瓶口

注意：由于瓶子模型面数较少，需要对瓶身增加圆滑处理，增加涡轮平滑修改器。但如果我们直接增加涡轮平滑修改器的话，瓶身会因为线不够而过度圆滑（图4－4－25）。

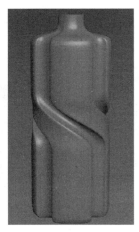

基本造型 　　　　　　　　　　直接增加平滑

图4－4－25　瓶子基本造型

注意：为了解决这种过度圆滑的问题，在建模当中有一个专门的名词叫"卡线"，即增加一些线来改变圆滑的效果。通常这些线增加在角度变化比较大的位置，从而保持这个角度的变化（图4－4－26）。

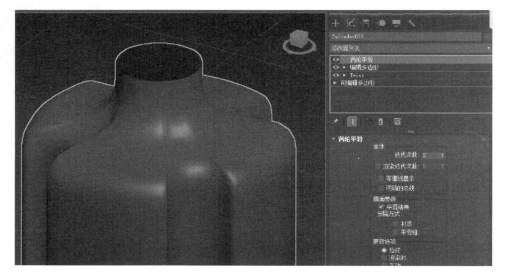

图4－4－26　过度圆滑的效果

如选择图4－4－27中的线（因为这些线是环线，通过双击可以选择环线），用切角的命令增加线。点击切角后的小方块，可以打开切角的命令，切角的数量根据实际情况输入数值（图4－4－28、图4－4－29）。

最后增加涡轮平滑命令，迭代次数为 2（图 4 - 4 - 30）。

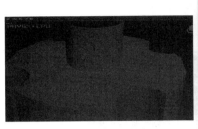

图 4 - 4 - 27   用切角的命令增加线

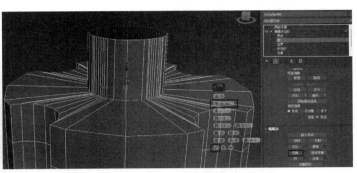

图 4 - 4 - 28   输入数值

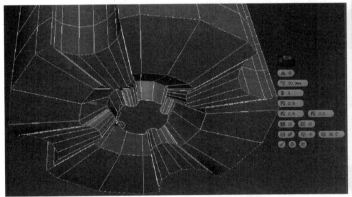

图 4 - 4 - 29   输入数值并执行切角命令的效果

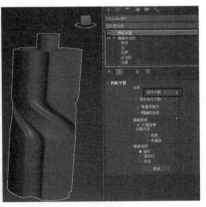

图 4 - 4 - 30   增加涡轮平滑命令

最后给瓶身增加一个瓶盖便可得到图 4 - 4 - 31 的效果，最终需要调整瓶身的高度对模型的比例进行处理，才能得到更加准确的模型。

通过对以上模型的建模，我们学习了 3ds Max 中的 Polygon 建模，还有图形建模等模型建模的方式。也了解了通过复制或者镜像的方法可以让建模更加轻松，进而减少了工作量。接下来通过一些整体的案例了解三维图像的创作。

图 4 - 4 - 31   给瓶身增加一个
瓶盖后的矿泉水瓶模型

4.5 案例 5：履带式机器人

本案例是一个操作方法相对综合的案例，结合了产品设计和动画设计的模型建模要求，创建一个三维的履带式机器人的模型（图 4 - 5 - 1）。

图 4 - 5 - 1　渲染图

我们从头部的模型开始，头部的模型比较简单，通过圆滑一个长方体便可以得到相关的模型。我们从创建一个 500×300×300mm 的长方体开始，通过切角的方法得到圆滑长方体（图 4 - 5 - 2）。

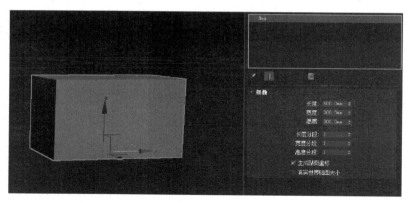

图 4 - 5 - 2　建长方体

先选择 4 条长边做切角，这时需要将模型转为可编辑多边形或增加编辑多边形修改器进行修改。对被选择的 4 条长边进行切角（图 4 - 5 - 3）。

在进行建模时，关于将模型转为可编辑多边形还是增加编辑多边形修改器，没有一个明确的做法，增加编辑多边形修改器可以让各种修改器进行叠加从而优化模型，同时如果被叠加的修改器的内容需要修改，还可以返回修改，但在操作上容易出错，所以建议在模型不会返回修改的时候，将模型转为可编辑多边形。

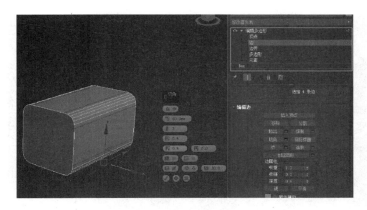

图 4 - 5 - 3　切面

接下来对短边做切角，同样使用切角命令进行处理，切角量减少点，设置 30mm（图 4 - 5 - 4）。

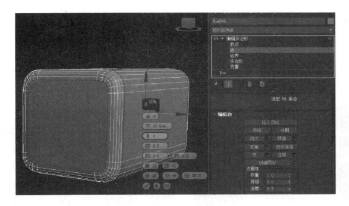

图 4 - 5 - 4　使用切面圆滑

机器人的眼睛和嘴巴部分的建模相对比较简单，用管状体和球体做眼睛，用几个长方体做嘴巴（图 4 - 5 - 5、图 4 - 5 - 6）。

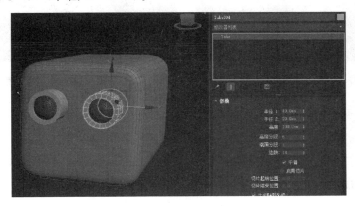

图 4 - 5 - 5　制作眼睛部分 1

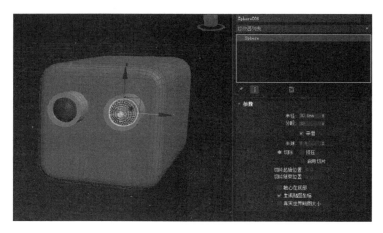

图 4 - 5 - 6   制作眼睛部分 2

注意：管道体和球体完全重合，使用对齐工具根据不同的轴将组成元素对齐。

分别用长方体和圆柱体构建机器人的嘴巴、耳朵和头顶上的装饰物，尺寸可以根据头的大小调整（图 4 - 5 - 7）。

机器人的颈部由一列圆柱体构成，建一个大小合适的圆柱体后，通过克隆的方法复制4 个，并排列在一起（图 4 - 5 - 8）。

图 4 - 5 - 7   嘴巴和耳朵部分

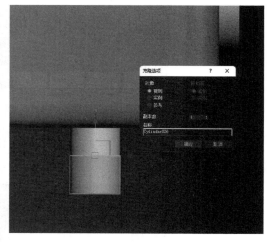

图 4 - 5 - 8   制作颈部

机器人的身子是一个长方体，根据给出的尺寸建一个长方体（图 4 - 5 - 9）。

对身体模型的边进行切角圆滑，切角的量根据具体情况设置（图 4 - 5 - 10）。

注意：编辑多边形中有个软选择的选项，该选项的主要特点是一点带动多点，加快建模速度，同时也让点与点之间更加平滑（图 4 - 5 - 11）。

注意：软选择只在需要使用的时候激活。

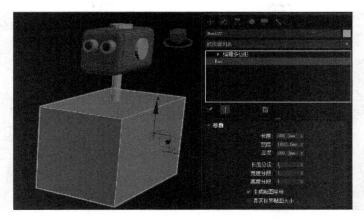

图 4 - 5 - 9　机器人身体

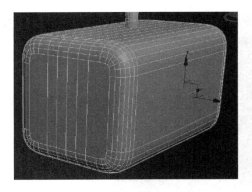

图 4 - 5 - 10　圆滑

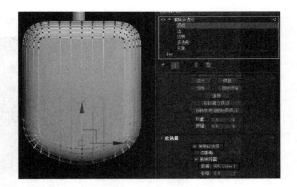

图 4 - 5 - 11　软选择的应用

　　增加机器人身体的造型，用两个球体做心脏的造型。用线挤出做带状造型时，如果发现带状是黑色的，说明面被反转了，需要改变面的法线方向，增加法线修改器便可以改变面的方向（图 4 - 5 - 12、图 4 - 5 - 13）。

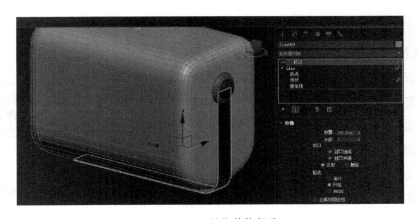

图 4 - 5 - 12　制作装饰部分 1

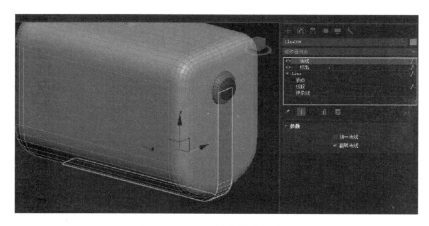

图 4 - 5 - 13　制作装饰部分 2

增加一个壳的修改器，增加的参数 10mm，让带状平面图形成为立体模型（图 4 - 5 - 14）。

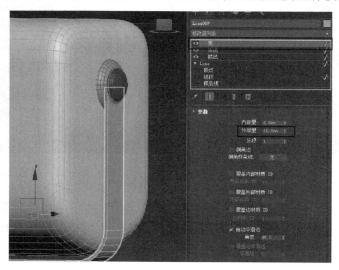

图 4 - 5 - 14　壳增加体积感

　　本案例的难点是做履带机器人的履带，主要方法是先做出平滑履带的造型，然后将履带的造型根据机器人整体的造型进行调整，最后形成一条机器人履带。

　　我们对图 4 - 5 - 15 进行分析，发现完整履带是由一个个履带板连接成的，履带表面有突出的花纹，或用于齿轮之间的传动，或用于增加与地的摩擦力，以及每个履带板需要连接器。

图 4 - 5 - 15　履带构造参考图

每个履带板的构造是一样的，所以需要先完成构造履带板的模型。如图 4-5-16 中的构造，上下有突出的花纹，红色部分是连接履带板的连接件，接下来需要将所有的履带连接件克隆出来，并将所有履带板附加在一起（图 4-5-17、图 4-5-18）。

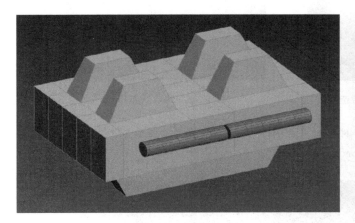

图 4-5-16　一个履带的造型

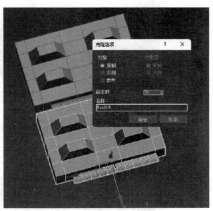

图 4-5-17　复制履带

图 4-5-18　附加履带

现在有一条长长的履带，需要让履带收尾连接起来（图 4-5-19）。先用线画一个履带的造型，再在履带上增加路径变形修改器，使得履带按照线的造型进行变化（图 4-5-20）。

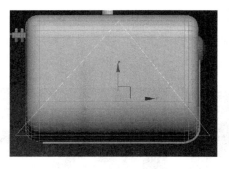

图 4-5-19 图形画出履带造型

图 4-5-20 调整造型

履带增加路径变形修改器。这时路径变形中的路径为"无"，点击选择"无"后再点击"Line010"，便将该路径设置为变形路径（图 4-5-21）。

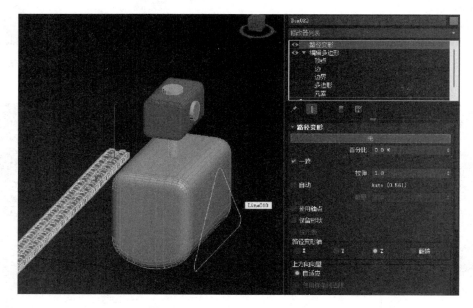

图 4-5-21 使用路径变形修改器

注意：增加修改器，就会改变模型的造型，但如果想在不删除修改器的前提下，让修改器不起作用，可以点击修改器前面的"眼睛"图标，"眼睛"会使修改器在消失和出现之间切换。

先让路径变形修改器不产生作用，然后对履带进行 90°旋转（图 4-5-23）。注意履带上下两面可能不同，需要区别旋转的方向。

如果遇到图 4-5-22 中的问题，大概率是因为履带构建的方向不正确，需要对履带进行 90°旋转。

然后复制履带，让机器人有两条履带（图 4-5-24）。

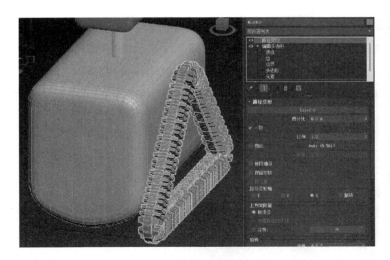

图 4 - 5 - 22　出现问题

图 4 - 5 - 23　正确造型

图 4 - 5 - 24　复制履带

现在需要制作机器人的齿轮，齿轮总的来说像一个圆柱体。建一个圆柱体（4 - 5 - 25），对其增加编辑多边形修改器。

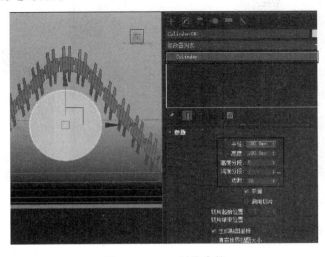

图 4 - 5 - 25　制作齿轮

为了方便建模，经常需要对不同的模型进行隐藏和显示，隐藏一些暂时不需要处理的部分，以便更加方便地处理当前模型。菜单在选择模型的情况下，右击鼠标可以显示（图4-5-26）。点击隐藏未选定对象，可以隐藏被选择的圆柱体。

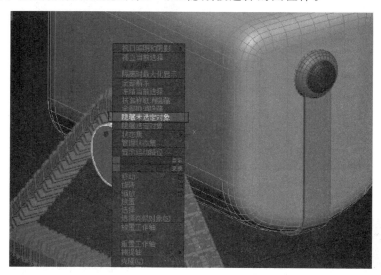

图4-5-26　隐藏部分模型

圆柱体增加边到边形修改器。然后对其点的位置进行调整，选择从上面进行挤出（图4-5-27）。将挤出的面缩小一些，挤出的造型就像齿轮的齿（图4-5-28）。

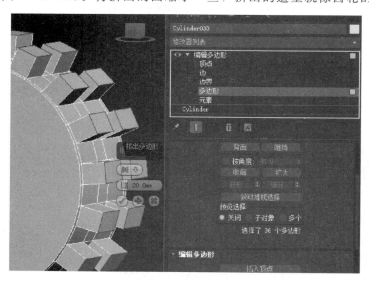

图4-5-27　挤出

图4-5-28　缩小

复制齿轮，并将履带和齿轮复制到机器人的另外一边，用圆柱体将齿轮连接起来（图4-5-29、图4-5-30、图4-5-31）。

图 4 - 5 - 29　复制齿轮

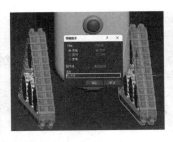

图 4 - 5 - 30　镜像另外一边

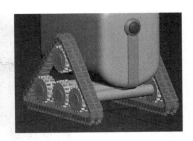

图 4 - 5 - 31　完成齿轮

机器人的手臂的构建方法和履带一样，先建一个圆柱体，然后通过复制圆柱体，形成一串的圆柱体，最后将这些圆柱体附加在一起（图 4 - 5 - 32、图 4 - 5 - 33、图 4 - 5 - 34）。

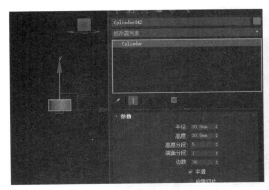

图 4 - 5 - 32　制作手臂

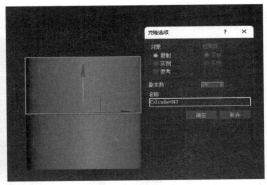

图 4 - 5 - 33　复制

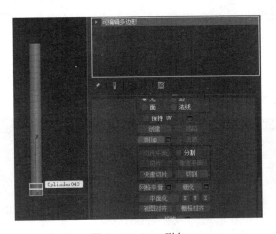

图 4 - 5 - 34　附加

使用图形工具中的线，画出一条弯弯的手臂造型（图 4 - 5 - 35）。在已经附加好的圆柱体上增加路径变形修改器。在路径变形中点击"无"选项，然后点击刚刚创建的手臂造型的线段（图 4 - 5 - 36）。

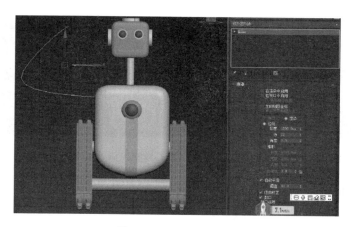

图 4 - 5 - 35　手臂造型

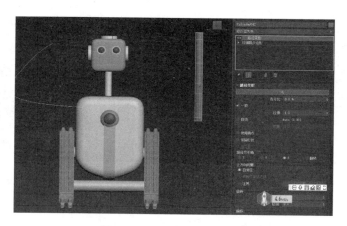

图 4 - 5 - 36　使用路径变形

　　线段的形状是圆柱体的最终形状，通过调整线段中的点的位置和贝尔控制点，便可重新调整机器人手臂的造型（图 4 - 5 - 37、图 4 - 5 - 38、图 4 - 5 - 39）。

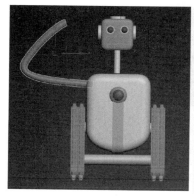

图 4 - 5 - 37　调整造型

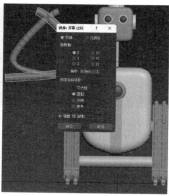

图 4 - 5 - 38　复制另一根手臂

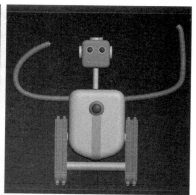

图 4 - 5 - 39　完善造型

最后给机器人加上手掌部分，该部分是通过添加图形工具的"线"，做出一个马蹄状的线条，然后在线条的修改目录下，勾选"在渲染中启用"和"在视口中启用"两项，选择矩形的显示方式，长度和宽度都为 30mm（图 4 - 5 - 40）。

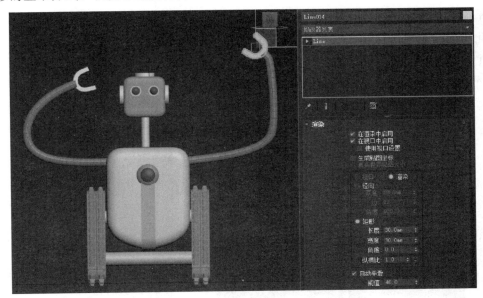

图 4 - 5 - 40　制作机器手

现在我们对已经建好的模型做一个简单的渲染处理，使用的渲染器为 Vray 渲染器（图 4 - 5 - 41）。

图 4 - 5 - 41　渲染图

4.6 案例6：空气净化器

某品牌空气净化机已经投入市场多年，其造型非常有特点（图4-6-1）。通过对该空气净化机的模型构建（图4-6-2）可以了解产品建模过程的特点。本案例适合产品设计或者工业设计的同学，可以了解电器类产品模型的建模的特点。

图4-6-1 实物照片

图4-6-2 效果图

首先需要测量该机器的尺寸，在建模时要根据机器的尺寸进行建模。

根据给出的尺寸，用图形的矩形创建矩形，调整矩形的角半径（图4-6-3）。

使用挤出修改器挤出矩形，高度为400mm（图4-6-4）。

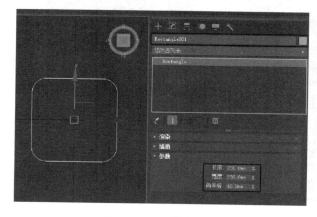
图4-6-3 基本造型

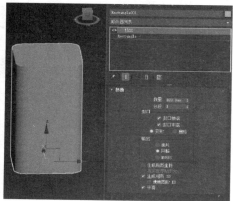
图4-6-4 挤出

先思考制作空气净化器的带孔的部分。根据该产品的特点，有很多地方是相似的，通过细微的修改便可以制作出相对应的模型。空气净化器开的孔非常多，我们很难对四个面都处理，最佳的方法是制作出一个面，然后复制其他面并结合在一起。

选择一部分面，然后使用分离命令将其分离出来（图4-6-5）。对这部分面进行处理后，再将其复制得到整体模型。在此过程中可以隐藏不需要的模型，方便处理（图4-6-6）。

关于开孔的方法，主要有两个：第一是用布尔运算的方法；第二是增加足够的点，然后对点进行切角，再删除切角产生的面就形成孔了（图4-6-7）。当然这时孔不是圆形的，还需要加上涡轮平滑命令使之平滑。

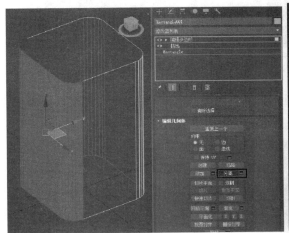

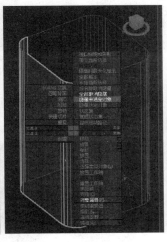

图4-6-5　分离　　　　　　图4-6-6　隐藏　　　　　图4-6-7　增加足够的点，并对点进行切角

首先，使用连接工具得到足够的线和点（图4-6-8、图4-6-9）。分别对这些点进行切角，之所以分开做切角，是因为上面的孔小，下面的孔大，分开处理（图4-6-10、图4-6-11）。

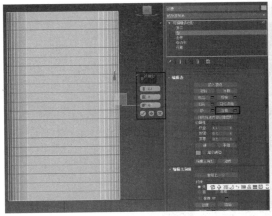
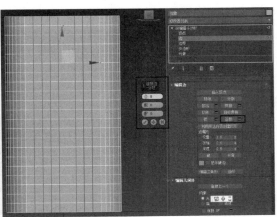

图4-6-8　增加横线　　　　　　　　图4-6-9　增加竖线

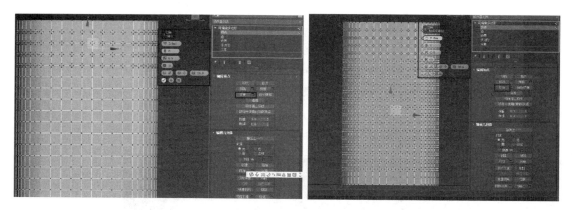

图 4 - 6 - 10 点切角 1   图 4 - 6 - 11 点切角 2

删除切角产生的面，将整个物体加上涡轮平滑后，方形的孔便可以变为圆孔（图 4 - 6 - 12、图 4 - 6 - 13）。当然在继续处理其他面时，可以先不增加涡轮平滑命令。

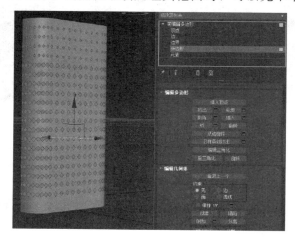

图 4 - 6 - 12 选择面

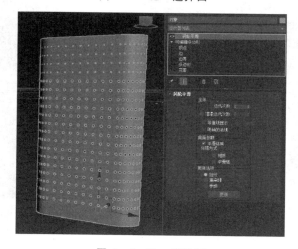

图 4 - 6 - 13 删除面

使用镜像工具对模型进行镜像复制（图4-6-14）。

　　对新复制出来的模型边缘部分的面进行删除（图4-6-15）。

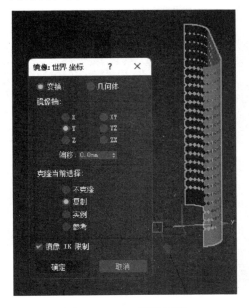

图4-6-14　镜像复制

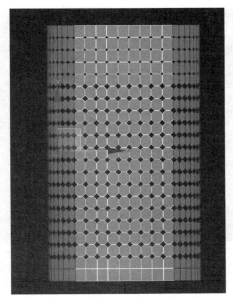

图4-6-15　删除部分

　　边缘的面被删除后（图4-6-16），使用镜像工具对模型进行镜像复制，并排成盒子（图4-6-17）。

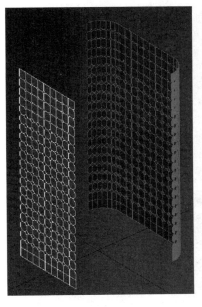

图4-6-16　删除后

图4-6-17　镜像复制

将模型附加在一起（图 4 - 6 - 18）。

模型虽然被附加一起，但一些点重合了，将其焊接一起（图 4 - 6 - 19）。

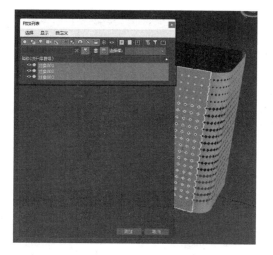

图 4 - 6 - 18　附加模型

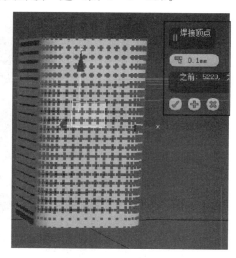

图 4 - 6 - 19　焊接点

重合的点被焊接后，加上涡轮平滑修改器可以看到方孔变成圆孔了（图 4 - 6 - 20）。

选择模型上面的边界，按住 Shift 键，往上拉出新的模型，作为空气过滤器的部分的模型（图 4 - 6 - 21）。

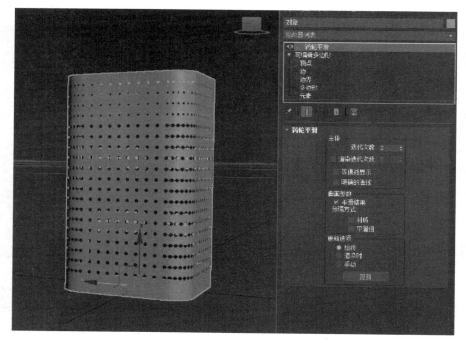

图 4 - 6 - 20　涡轮平滑

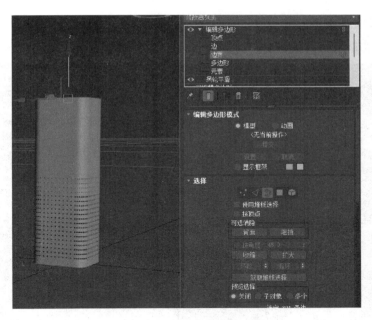

图 4 – 6 – 21　拉出上部分造型

新建矩形和圆形，都跟空气过滤器的模型对齐，矩形和圆形重叠在一起（图 4 – 6 – 22）。

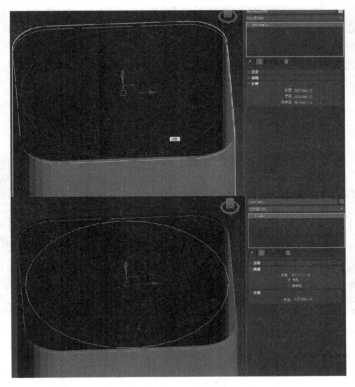

图 4 – 6 – 22　为制作顶盖准备

重叠一起的图形进行挤出（图4-6-23）。建一个圆柱体（图4-6-24），边数为88可以整除于4，方便后期建模。

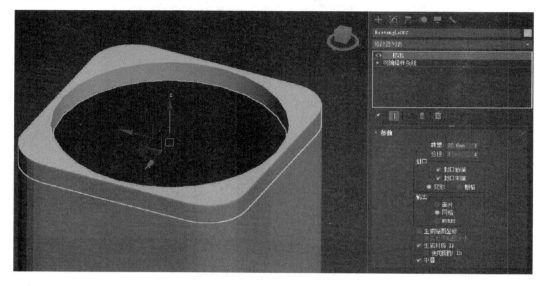

图4-6-23　挤出

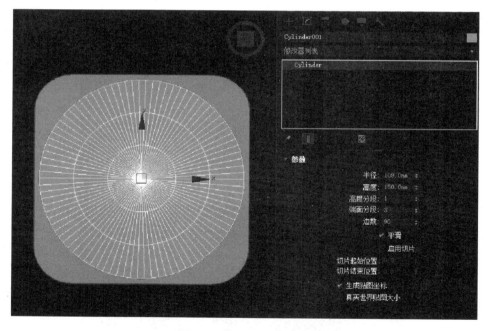

图4-6-24　制作排气孔

隐藏除圆柱体外的所有模型，方便对圆柱体建模（图4-6-25）。将圆柱体转为可编辑多边形（图4-6-26）。

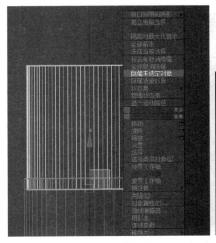

图 4-6-25　隐藏操作

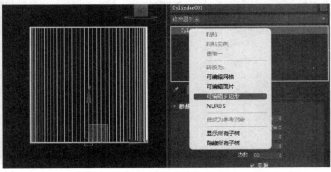

图 4-6-26　转为多边形编辑

注意：修改模型时，可以将模型转为可编辑的多边形，也可以在模型上添加编辑多边形的修改器。

删除被选中的点，这时圆柱体只剩下上面的一个圆面（图 4-6-27）。

选择中间的圆环，使用缩放工具调整圆圈的大小（图 4-6-28）。

删除多余面，只剩下一面。如果每个面都处理，很难得到统一的面，其他的面可以通过复制得到，保证所有面的一致性（图 4-6-29）。

图 4-6-27　删除点

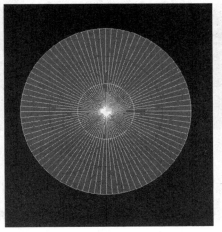

图 4-6-28　调整大小

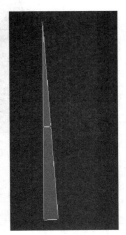

图 4-6-29　删除面

使用倒角找出中间空的位置。主要模式为多边形（图 4-6-30），增加线即增加了点，为调整造型做准备（图 4-6-31）。调整造型，让其圆滑（图 4-6-32）。

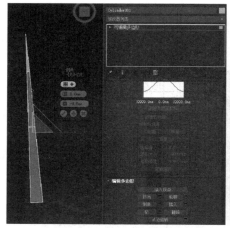

图 4 - 6 - 30　倒角和插入　　　　图 4 - 6 - 31　增加边　　　　图 4 - 6 - 32　删除

　　修改模型的轴心点，让其围绕圆心转动。移动轴心点需要激活"点捕捉"，保证其落到圆心点上（图 4 - 6 - 33）。

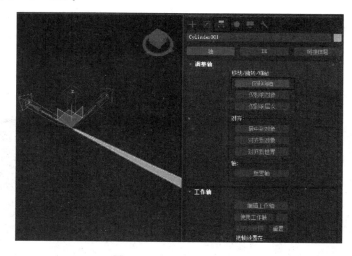

图 4 - 6 - 33　调整轴位置

　　修改角捕捉量，系统默认为 5°，需将其修改为 4°（图 4 - 6 - 34）。

　　切换到旋转工具，再按着 Shift 键旋转复制，输入复制 89 个，总数应为 90 个，刚好组成一个圆（图 4 - 6 - 35）。

　　将所有的模型附加在一起（图 4 - 6 - 36），选择面后挤出面让其有一定的体积（图 4 - 6 - 37）。

　　切换到旋转工具，再按着 Shift 键旋转复制，输入复制 89 个，总数应为 90 个，刚好组成一个圆（图 4 - 6 - 38、图 4 - 6 - 39）。

图 4-6-34 调整角捕捉

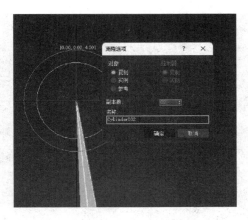

图 4-6-35 旋转复制

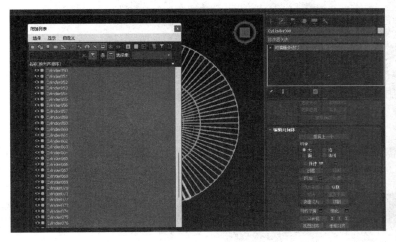

图 4-6-36 附加模型

图 4-6-37 选择
面后并挤出

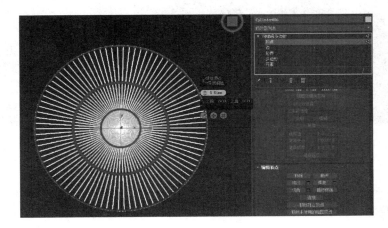

图 4-6-38 焊接

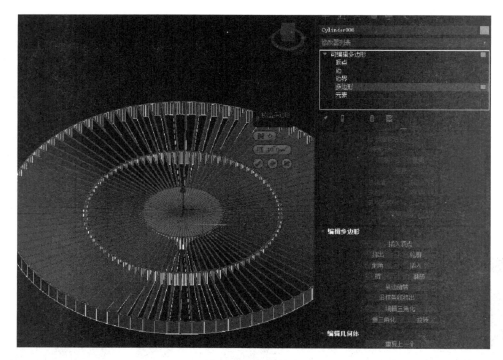

图 4 - 6 - 39　挤出

为了更容易编辑，需要将面分离出来（图 4 - 6 - 40），同时隐藏不需要的模型（图 4 - 6 - 41）。

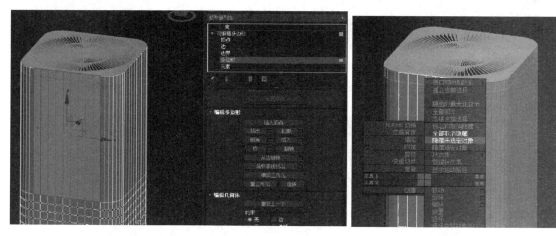

图 4 - 6 - 40　制作其他部分　　　　　　　图 4 - 6 - 41　隐藏操作

用连接增加线（图 4 - 6 - 42），并往里面挤出面，形成一个卡位（图 4 - 6 - 43）。

调整点的位置，让造型带有弧度（图 4 - 6 - 44），调整后呈现良好的效果（图 4 - 6 - 45）。

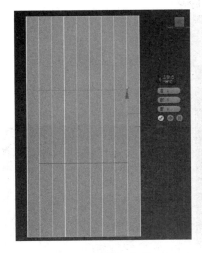

图 4 - 6 - 42 加线

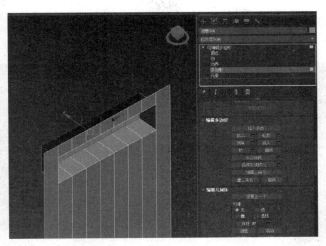

图 4 - 6 - 43 挤出造型

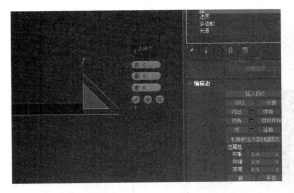

图 4 - 6 - 44 加线

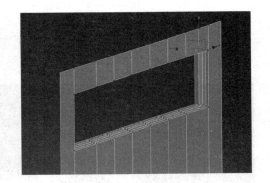

图 4 - 6 - 45 调整点

使用镜像命令复制另外一面，让模型对称（图 4 - 6 - 46）。

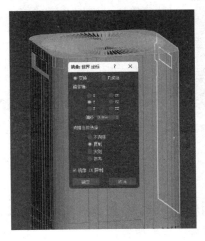

图 4 - 6 - 46 镜像复制

使用与之前相同的办法构建里面竖起来的栏栅状模型（图4-6-47）。

删除多余的面后，调整圆圈的尺寸（图4-6-48）。

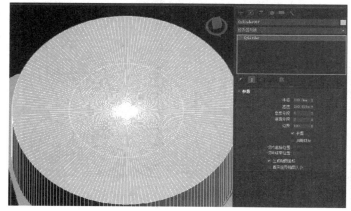

图4-6-47　建圆柱体

图4-6-48　加线

删除大部分的面，只留下两个，其中一个挤出成为竖起来的栏栅状模型（图4-6-49）。

使用旋转复制的方法进行复制，在复制之前需要调整轴心点（图4-6-50）。

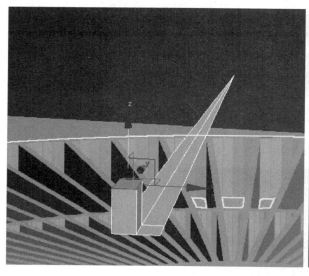

图4-6-49　删除面后挤出

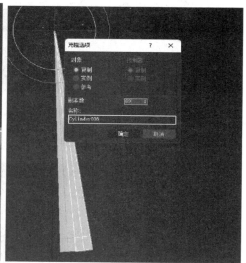

图4-6-50　复制

先将所有的模型附加在一起，然后通过焊接点将重合的点焊接起来（图4-6-51、图4-6-52、图4-6-53）。

这里主要是做栏栅状模型底部部分，使用较为复杂的方式制作（图4-6-54）。选择边界挤出，圆被扩大了很多，再调整点的位置让其落到模型里（图4-6-55、图4-6-56）。

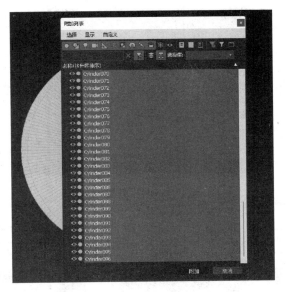

图 4 - 6 - 51 附加列表

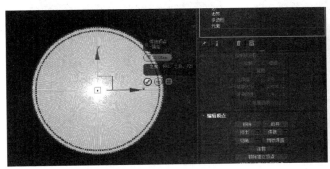

图 4 - 6 - 52 附加

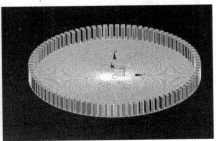

图 4 - 6 - 53 附加后

图 4 - 6 - 54 制作地面

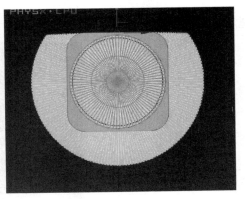

图 4 - 6 - 55 调整点 1

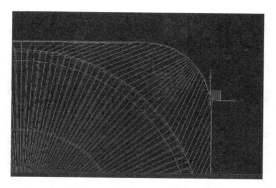

图 4 - 6 - 56   调整点 2

底部的造型收起来了，通过对边界的处理可以得到造型（图 4 - 6 - 57），再用封口命令将底部包起来（图 4 - 6 - 58）。

图 4 - 6 - 57   收起底部的造型

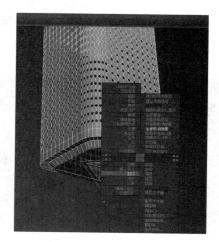

图 4 - 6 - 58   封口命令

为了让模型有体积感，给模型增加壳修改器（图 4 - 6 - 59）。最后对模型进行渲染处理，呈现渲染效果如图 4 - 6 - 60 所示。

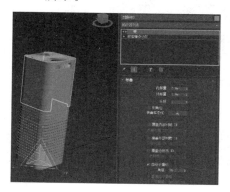

图 4 - 6 - 59   增加壳修改器

图 4 - 6 - 60　渲染效果

4.7 案例7：工业风咖啡机

根据工业设计、产品设计和环境设计等专业的要求，需要设计和制作一些产品的造型。本案例通过制作一个工业风格的咖啡机让同学们了解该类产品建模过程与方法，同时了解如何使用 Vray 材质。

图 4 - 7 - 1　咖啡机效果图

新建一个如图的长方体（图 4 - 7 - 2），增加编辑多边形修改器，选择所有的边进行切角（图 4 - 7 - 3）。

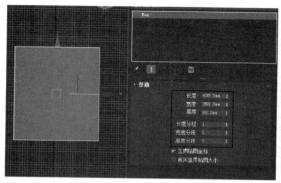

图 4 - 7 - 2　建长方体

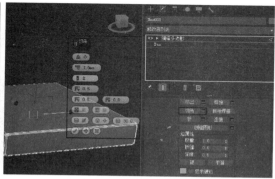

图 4 - 7 - 3　切角

建一个旁边的护板（图 4 - 7 - 4），对护板进行圆滑（图 4 - 7 - 5）。

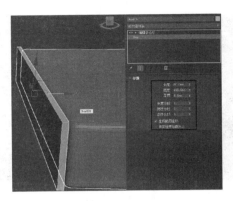

图 4-7-4　建侧板

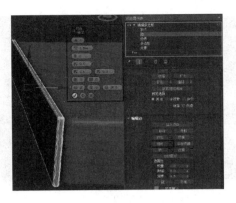

图 4-7-5　切角

复制另外一边的护板（图 4-7-6），用同样办法制做另外两边的护板（图 4-7-7）。

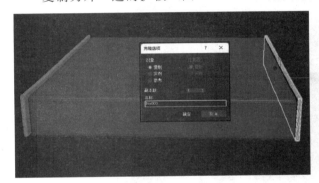

图 4-7-6　复制

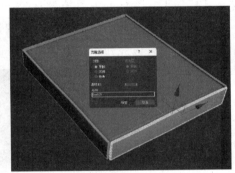

图 4-7-7　另外两边

需要给全部的护板做造型，增加线段（图 4-7-8）。删除一半护板，只需要做另外一半就好（图 4-7-9）。

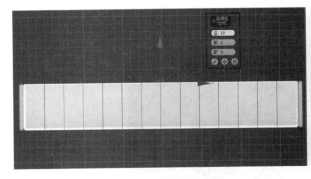

图 4-7-8　加线做造型

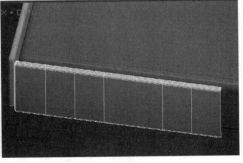

图 4-7-9　删除一半

调整线和点的位置做造型（图 4-7-10）。使用镜像工具对模型进行镜像复制，得到另一半模型，将二者焊接在一起（图 4-7-11）。

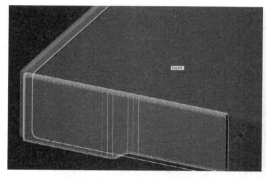

图 4-7-10　调整点

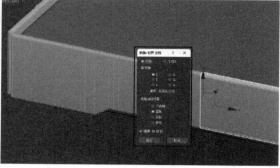

图 4-7-11　镜像

在产品建模时，需要对产品各部位有较深的了解，以借助复制、镜像等方法建模，可以保证模型的统一性并节省建模时间。

制作咖啡机的侧板，由于该造型变化较大，且对咖啡机造型影响很大，所以建模过程相对较复杂。可以先建个长方体再一点一点调整造型（图 4-7-12、图 4-7-13）。

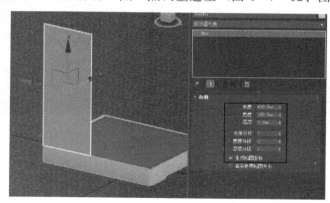

图 4-7-12　建侧板

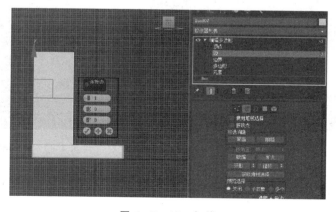

图 4-7-13　加线

对这些很难控制建模的造型，最好切换到前视图或左视图进行观察，慢慢调整产品的造型（图 4 - 7 - 14、图 4 - 7 - 15）。

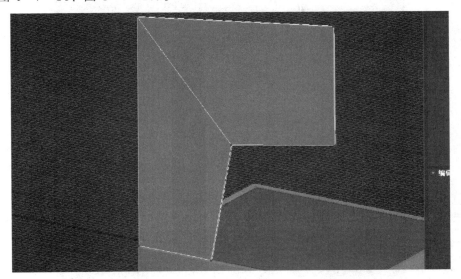

图 4 - 7 - 14　调整造型

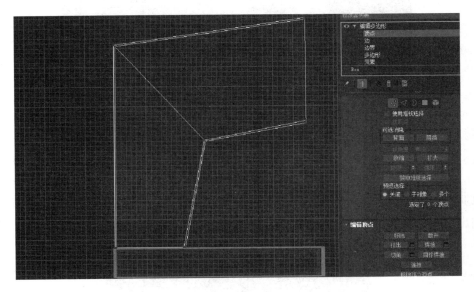

图 4 - 7 - 15　加线

需要给边缘增加边，因为该铁板有弯曲的工业风，增加边后挤出，形成铁板弯出来的部分。

挤出面，制作出板被压制出来的效果（图 4 - 7 - 16）。

对边缘的边做切角圆滑效果，让其更贴近被加工后的铁板的效果（图 4 - 7 - 17）。

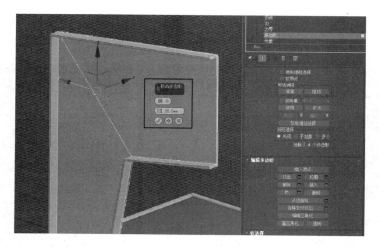

图 4 - 7 - 16　挤出

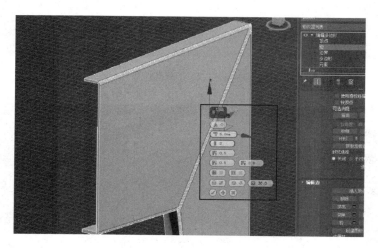

图 4 - 7 - 17　切角

　　复制竖版的另外一边（图 4 - 7 - 18）。制作中间的板，使这块板连接两块竖版。使用线绘制出该板的轮廓（图 4 - 7 - 19）。

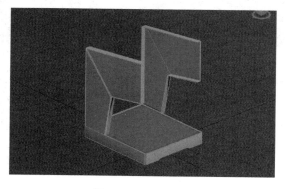

图 4 - 7 - 18　镜像

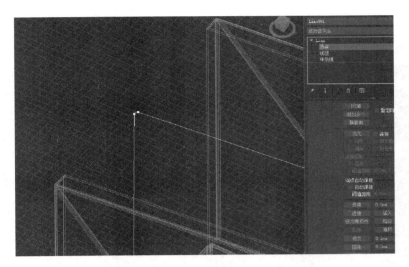

图 4 - 7 - 19 线建模

使用挤出修改器挤出面的造型，当看到面是黑色时，说明该面的法线错了，需要增加法线修改器（图 4 - 7 - 20）。用长方体制作面咖啡机的面板（图 4 - 7 - 21）。

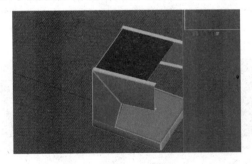

图 4 - 7 - 20 挤出后法线

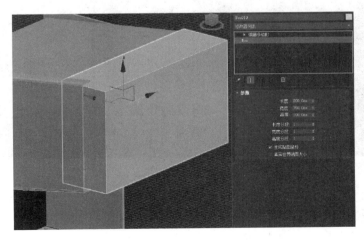

图 4 - 7 - 21 前面板

使用切角工具将面板的硬边圆滑（图4-7-22）。制作中间的挡板，同样使用线进行轮廓绘制（图4-7-23）。

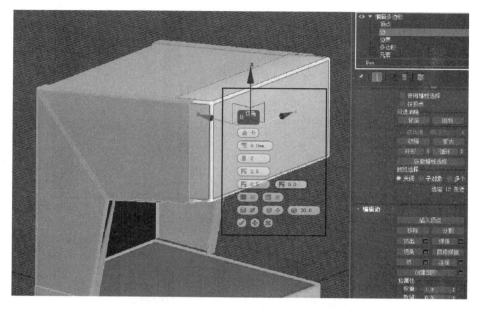

图4-7-22　切角

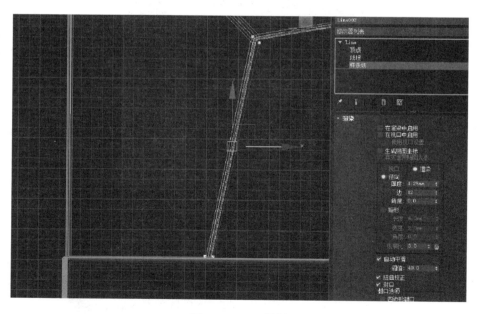

图4-7-23　挡板

选择样条线进行轮廓扩张，得到一个长方形，再挤出得到有厚度的板（图4-7-24）。使用长方体制作一块底板（图4-7-25）。

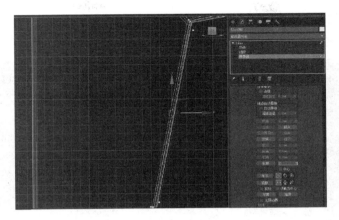

图 4 - 7 - 24 轮廓

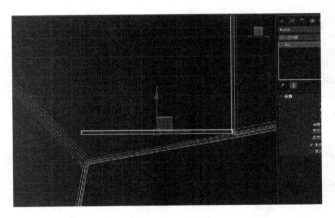

图 4 - 7 - 25 底板

修改长方体的点确保位置正确（图 4 - 7 - 26）。完成基本造型（图 4 - 7 - 27）。

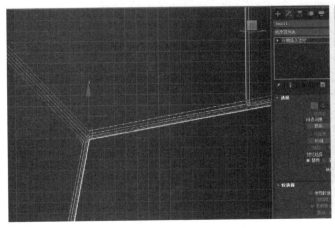

图 4 - 7 - 26 调整位置

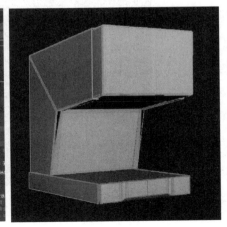

图 4 - 7 - 27 完成基本造型

使用压扁的球体做咖啡机"脚"（图4-7-28）。将球体转成可编辑多边形，然后修改其造型（图4-7-29）。

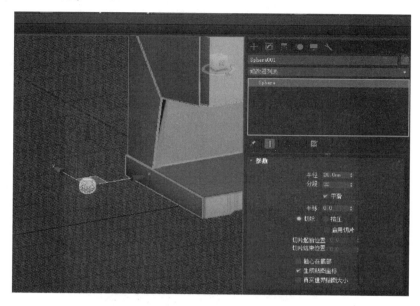

图4-7-28 脚

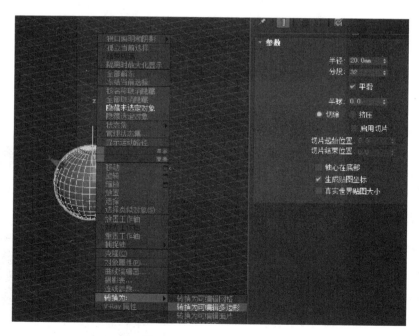

图4-7-29 编辑多边形

使用上部分被压扁的球体做咖啡机"脚"（图4-7-30）。用同样的方法制作按钮和顶部的造型（图4-7-31）。

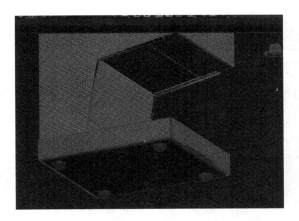

图 4 - 7 - 30　被压扁的球体做咖啡机"脚"

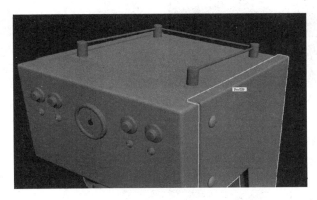

图 4 - 7 - 31　其他按钮

咖啡机下边部分也基本上都是几何体组成的（图 4 - 7 - 32）。呈现整体组装好的咖啡机造型（图 4 - 7 - 33）。

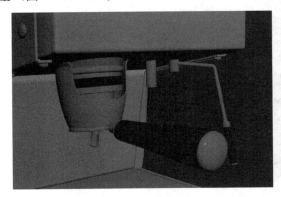

图 4 - 7 - 32　完成其他

图 4 - 7 - 33　完成建模

现在学习一下 Vray 的渲染。

3ds Max 2024 版默认的是 Ardold 渲染器（图 4 - 7 - 34）。切换成 Vray 渲染器（图 4 - 7 - 35）。

图 4 - 7 - 34　默认阿诺德渲染器

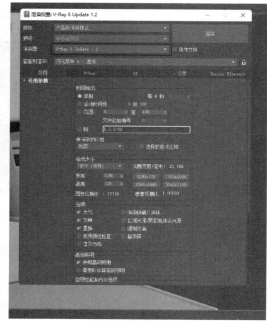

图 4 - 7 - 35　切换为 Vray 渲染器

默认的材质编辑器，可以切换到精简材质编辑器（图 4 - 7 - 36）。根据默认的材质球的编辑界面（图 4 - 7 - 37）进行设置。

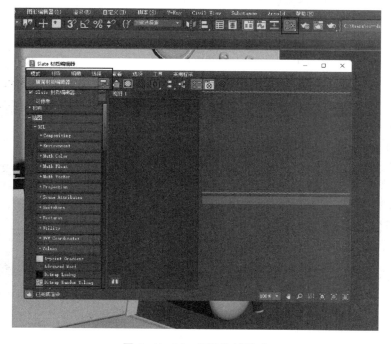

图 4 - 7 - 36　切换为材质球

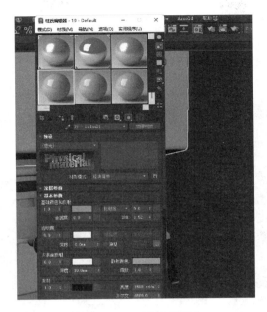

图 4 - 7 - 37 默认材质球

切换到 Vray 材质（图 4 - 7 - 38）。根据 Vray 材质的编辑界面（图 4 - 7 - 39）设置参数。

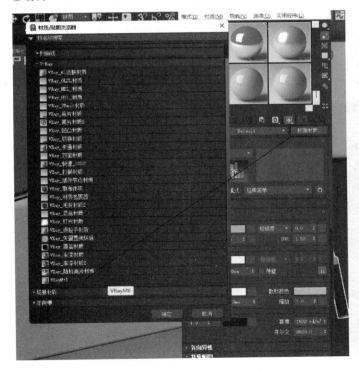

图 4 - 7 - 38 改为 Vray 材质球

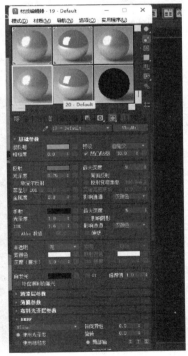

图 4 - 7 - 39 Vray 材质界面

调整铝的材质，将反射改成白色，使其有金属的发射属性（图 4 - 7 - 40）。

漫反射改成黑色，调整黑色塑料的效果（图 4 - 7 - 41）。

反射和折射都改成白色，得到玻璃的材质（图 4 - 7 - 42）。

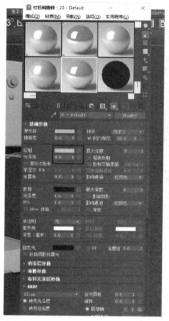

图 4 - 7 - 40　金属铝　　　　图 4 - 7 - 41　黑色橡胶　　　　图 4 - 7 - 42　玻璃

对仪表盘的模型进行 UV 处理，让其显示贴图（图 4 - 7 - 43）。增加 UVW 贴图，选择平面的显示模式（图 4 - 7 - 44）。导入贴图、贴图目录（图 4 - 7 - 45）。

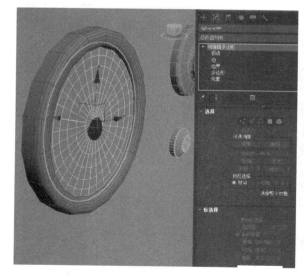
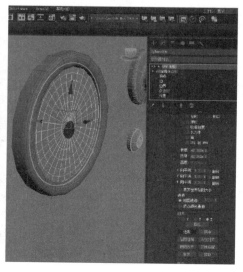

图 4 - 7 - 43　示贴图的面　　　　　　图 4 - 7 - 44　加修改器

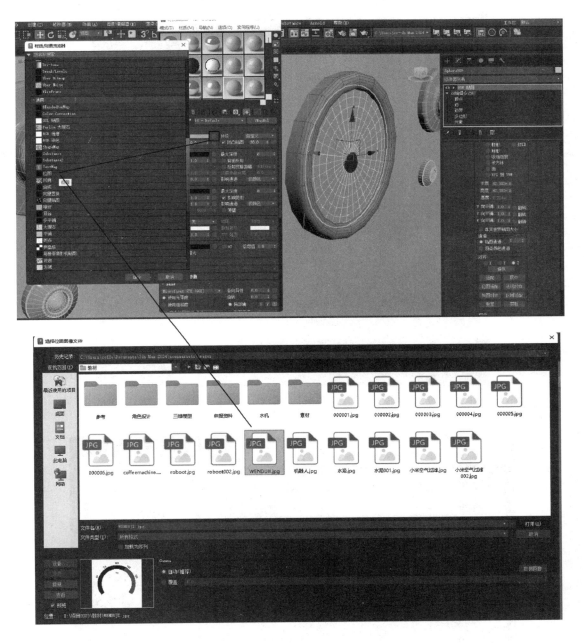

图 4 - 7 - 45 导入贴图、贴图目录

将材质球贴给仪表盘，并让其显示出来（图 4 - 7 - 46）。将玻璃材质给仪表盘的玻璃（图 4 - 7 - 47）。

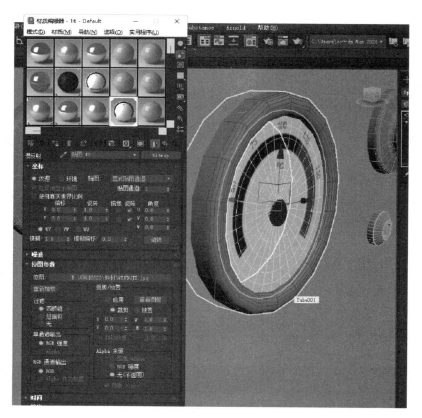

图 4 - 7 - 46 赋予贴图

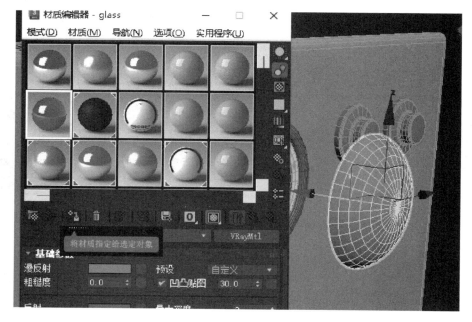

图 4 - 7 - 47 玻璃材质

咖啡机大部分的材质为金属铝，有些把手的地方为黑色橡胶，仪表盘有贴图和玻璃材质（图4-4-48、图4-4-49）。

图4-7-48　咖啡机正面

图4-7-49　咖啡机侧面

4.8 案例8：家具效果图

本案例要求效果图跟设计稿的尺寸一致，需要导入参考图（图4-8-1）作为建模参考。在导入参考图前需要了解图像的尺寸（图4-8-2），确保导入后尺寸的比例是一致的。在3ds Max中的单位设置要与设计稿的一致，这些是前期准备工作，确保模型的尺寸无误（图4-8-3）。

图4-8-1　效果图

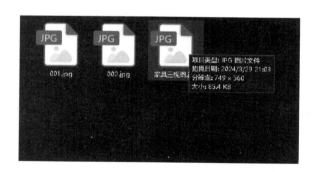

图4-8-2　观察尺寸

图4-8-3　修改单位

本案例使用了参考图，但是参考图通常只能参考尺寸，所以要通过先构建实际尺寸再修改参考图的方式让整体尺寸一致。

建一个跟图片尺寸比例一致的平面，并将参考图作为贴图赋予平面（图4-8-4）。

按照观察的尺寸（图4-8-2）建立一个长方体，注意先不要管参考图，根据长方体的尺寸反过来调整参考图（图4-8-5）。

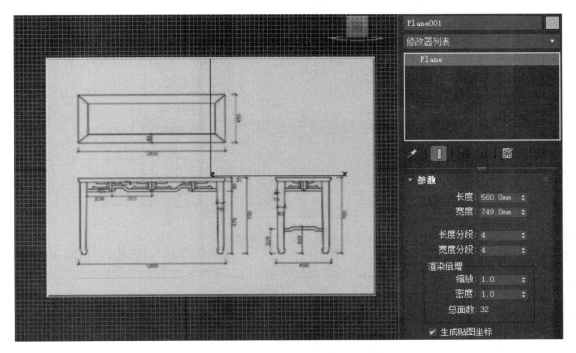

图 4 - 8 - 4 按尺寸建模

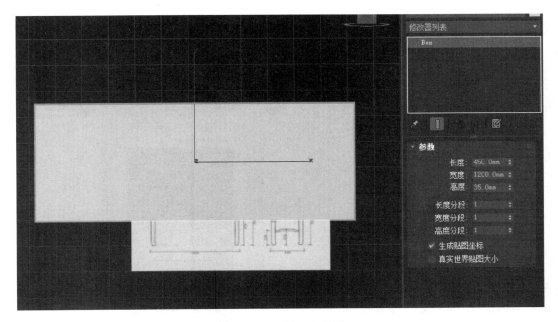

图 4 - 8 - 5 建一个参考

将参考图按比例缩放适配实际尺寸（图 4 - 8 - 6）。用线绘制出桌脚等造型（图 4 - 8 - 7）。

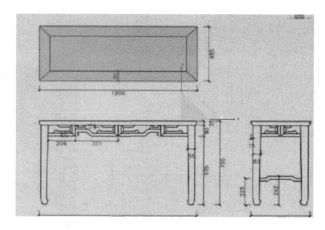

图 4 - 8 - 6　调整参考图

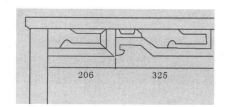

图 4 - 8 - 7　副造型

挤出桌脚等造型（图 4 - 8 - 8）。使用镜像复制已经做好的造型，提升效率（图 4 - 8 - 9）。

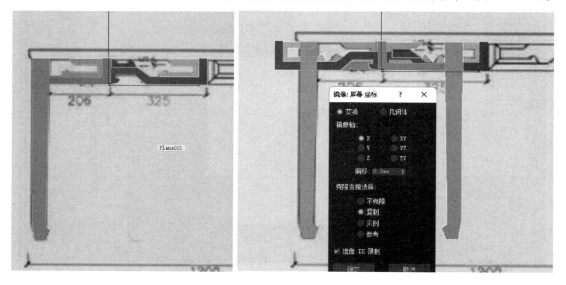

图 4 - 8 - 8　挤出　　　　　　　　　　图 4 - 8 - 9　镜像复制

完成其他造型的制作（图 4 - 8 - 10）。将制作好的各个部件拼接在一起，对桌面的细节进行处理（图 4 - 8 - 11）。

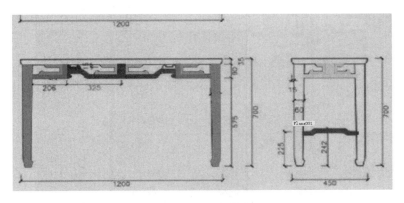

图 4 - 8 - 10 完善造形

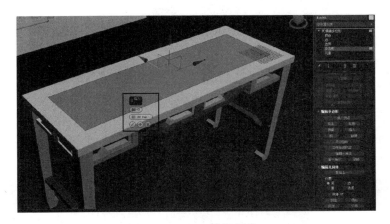

图 4 - 8 - 11 拼接部件

制作桌面的拼接缝，使用线挤出命令向里面挤出（图 4 - 8 - 12）。对桌面板进行 UV 展开（图 4 - 8 - 13）。

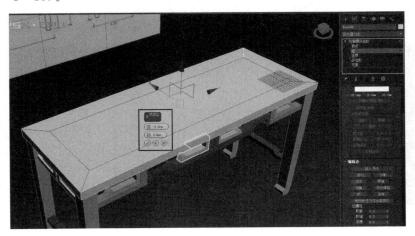

图 4 - 8 - 12 挤出缝隙

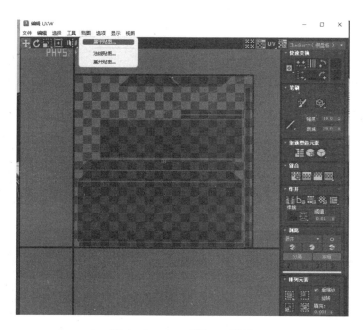

图 4 - 8 - 13　桌板 UV 展开

桌脚和其他造型使用 UVW 贴图修改器处理 UV（图 4 - 8 - 14）。将贴图赋予整张案台（图 4 - 8 - 15）。最终渲染效果如图 4 - 8 - 16、图 4 - 8 - 17 所示。

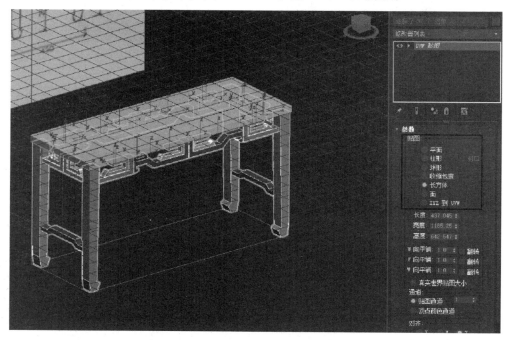

图 4 - 8 - 14　UVW 贴图

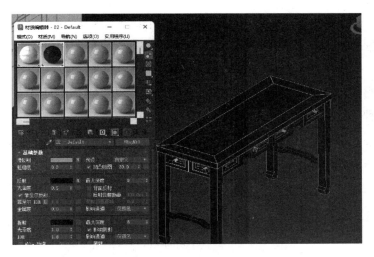

图 4 - 8 - 15　贴图

注意：关于材质贴图的制作可以参考灯光材质贴图章节。

图 4 - 8 - 16　渲染图 1

图 4 - 8 - 17　渲染图 2

4.9 案例 9：玩具模型制作

本案例介绍潮玩产品的建模，主要使用 FFD3×3×3、对称等修改器，重要的是对多边形编辑的各种应用（图 4-9-1）。

图 4-9-1 效果图

前视图构建一个球体（图 4-9-2）。选择一条环形圈向里挤出，形成一条缝（图 4-9-3）。

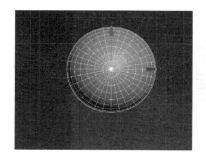

图 4-9-2 前视图球体造型

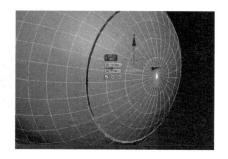

图 4-9-3 往里挤出

在顶视图建一个球体，比之前的略大（图 4-9-4）。删除部分大球的面，保留剩余部分的（图 4-9-5）。

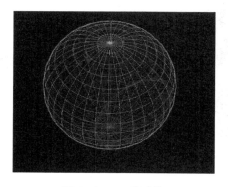

图 4-9-4 建球体

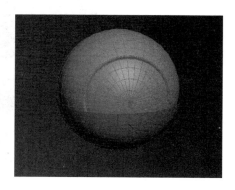

图 4-9-5 删除面

用 FFD3×3×3 修改器改变一下造型（图 4-9-6）。增加一条线（图 4-9-7）。

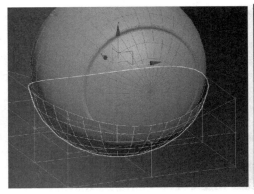

图 4-9-6 FFD

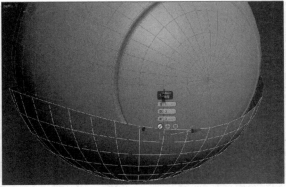

图 4-9-7 增加线

挤出上面一层面（图 4-9-8）。挤出潮玩的脚部分（图 4-9-9）。

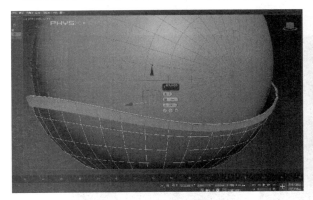

图 4-9-8 挤出

图 4-9-9 挤出腿部

挤出潮玩的手臂部分（图 4-9-10）。挤出潮玩的手指部分（图 4-9-11）。

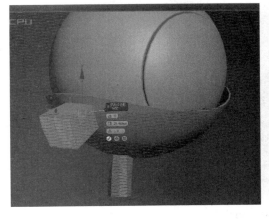

图 4-9-10 挤出手臂

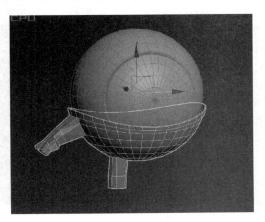

图 4-9-11 完善手部

使用对称命令镜像另外一边（图 4-9-12）。制作鞋子（图 4-9-13）。

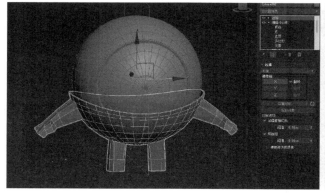

图 4-9-12　对称

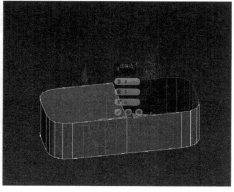

图 4-9-13　制作鞋子

得到潮玩的基本造型（图 4-9-14）。完善潮玩头顶的造型（图 4-9-15）。最终渲染效果如图 4-9-16 所示。

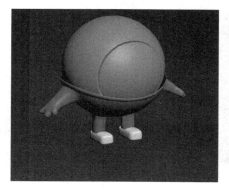

图 4-9-14　平滑

图 4-9-15　颜色

图 4-9-16　渲染图

4.10　案例 10：车削建模

车削建模是针对一些对称物体的建模方法，先画出模型的轮廓然后旋转生成物体模型（图 4-10-1）。车削建模特别适合瓶子这类模型的构建所以本案例以瓶子以及酒杯的建模过程与方法对车削建模进行说明示范。

图 4-10-1　效果图

适用图形的线工具画出瓶子的大概轮廓（图 4-10-2）。通过调整点的位置，使用圆角工具圆滑（图 4-10-3）。

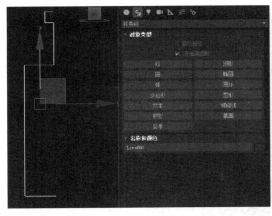

图 4-10-2　基本造型

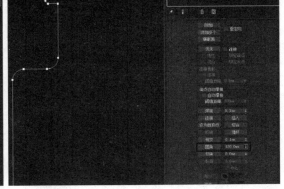

图 4-10-3　圆滑

增加车削修改器，调整车削修改器轴的位置，得到一个红酒瓶的造型，分段可以调高，使得瓶子更加圆滑（图 4-10-4）。增加壳的修改器，让瓶子有体积感（图 4-10-5）。

现在制作高脚杯的模型，也是先大概画出高脚杯的轮廓（图 4-10-6）。

通过调整点的位置，使用圆角工具圆滑（图 4-10-7）。

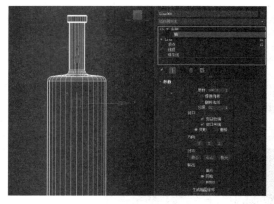

图 4 - 10 - 4　车削

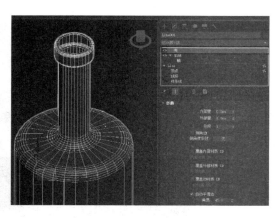

图 4 - 10 - 5　加壳

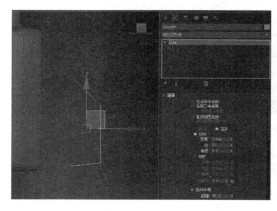

图 4 - 10 - 6　高脚杯造型

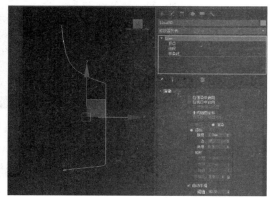

图 4 - 10 - 7　圆滑

增加车削修改器，调整车削修改器轴的位置，得到一个高脚杯的造型，分段可以调高，使得杯子更加圆滑（图 4 - 10 - 8）。

增加壳的修改器，让杯子有立体感（图 4 - 10 - 9）。

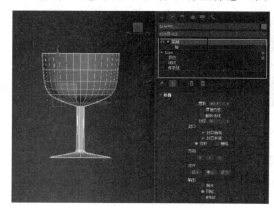

图 4 - 10 - 8　车削

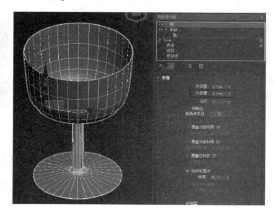

图 4 - 10 - 9　加壳

添加制作盘、法线，让画面更丰富（图 4 - 10 - 10、图 4 - 10 - 11）。

图 4 - 10 - 10　制作盘

图 4 - 10 - 11　法线

4.11 案例 11：放样建模

放样是将一个二维形体对象作为沿某个路径的剖面，而形成复杂的三维对象。同一路径上可在不同的段给予不同的形体。放样是指在 3ds Max 里的二维图形转换为三维图形的建模方法。类似的方法有 extrude（拉伸）、lathe（车削）、bevel（倒角），另外在 Auto-CAD 中也有相对应的应用，使用方法基本相同。

画出路径（图中的直线）和轮廓（图中的圆和六角形）（图 4 - 11 - 1）。

在修改面板中修改六角形的参数，改变轮廓的造型（图 4 - 11 - 2）。

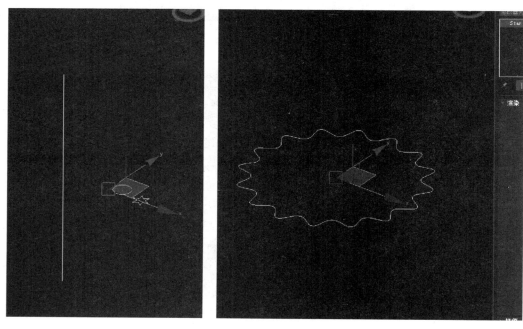

图 4 - 11 - 1　准备造型　　　　　　　　图 4 - 11 - 2　修改造型

选中路径的情况下，在复合对象中点击"放样"，然后点击"获取图形"再点击"圆"，使整个路径获取了圆的造型（图 4 - 11 - 3、图 4 - 11 - 4）。

调整路径数值为 10，即在路径 10％的位置增加图形，这时依然点击"圆"作为图形，即从 0 到 10％为圆形（图 4 - 11 - 5）。

调整路径数值为 12，即在路径 12％的位置增加图形，点击"星型"作为图形，即从 10％到 12％是从圆形到星型的过渡（图 4 - 11 - 6）。

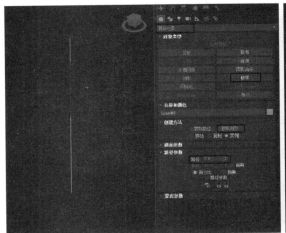

图 4 - 11 - 3　放样的应用

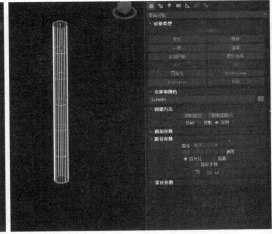

图 4 - 11 - 4　拾取图形

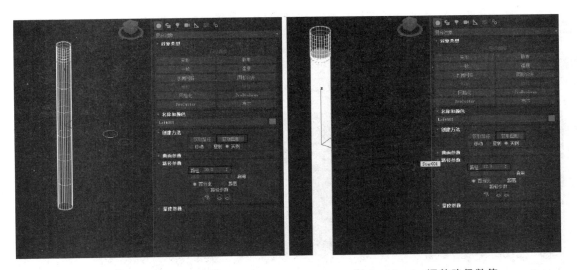

图 4 - 11 - 5　调整路径数值　　　　图 4 - 11 - 6　调整路径数值

　　调整路径数值为 88，即在路径 88％的位置增加图形，这时依然点击"星型"作为图形，即从 12％到 88％为星型（图 4 - 11 - 7）。

　　调整路径数值为 90，即在路径 90％的位置增加图形，点击"圆"作为图形，即从 88％到 90％是从星形到圆型的过渡（图 4 - 11 - 8）。

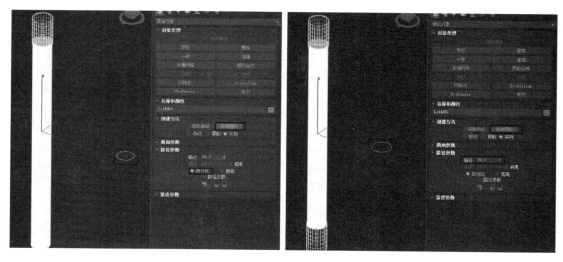

图 4-11-7　多次应用放样 1　　　　　　　图 4-11-8　多次应用放样 2

　　注意：使用放样的方法可以得到随着路径的位置变化而变化的造型，在路径的比例上设置好数值再获取图形便可。

　　最后在路径的 100％处选择圆形便得到如图的模型（图 4-11-9）。

　　在放样修改器上还能选择图形，改变图形的位置和大小等（图 4-11-10）。

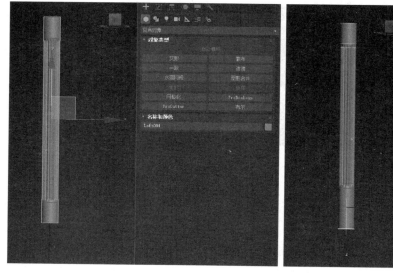
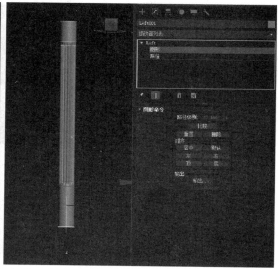

图 4-11-9　多次应用放样 3　　　　　　　图 4-11-10　多次应用放样 4

4.12　案例 12：重新布线工具的应用

2024 版本的 3ds Max Rotopology 自带修改器，其自动计算功能可以处理复杂的建模。Rotopology 是一款非常不错的多边形自动拓扑工具，用于自动优化高分辨率模型的几何形状，以创建干净的基于四边形的网格，可减少复杂和高分辨率模型的构建步骤，并增强 3ds Max 内部的生成设计和传统建模工作，干净利落的 3D 拓扑是做效果图的关键，当模型的顶点、边缘和面井井有条时，动画将显得更加流畅，渲染所需的内存也更少。

图中为圆柱体为使用布尔运算后得到的模型（图 4 - 12 - 1）。在给模型增加涡轮平滑修改器后，模型变得无法使用，这个问题在以前是很难解决的（图 4 - 12 - 2）。

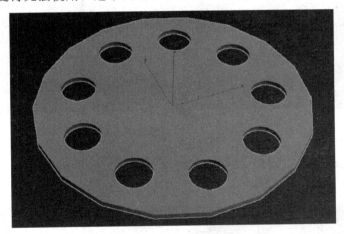

图 4 - 12 - 1　布尔运算后

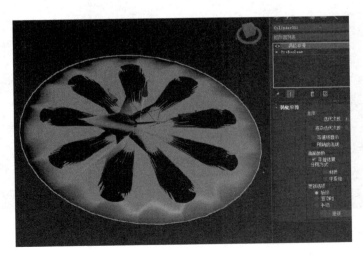

图 4 - 12 - 2　加平滑后

　　增加 Rotopology 修改器，设定好该模型的面数便可，如图设定了 2000 个面，点击"计算（Compute）"选项（图 4 - 12 - 3）。

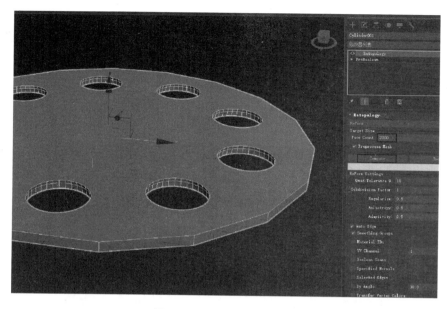

图 4 - 12 - 3　加 Rotopology

　　面数为 2000 的计算完成后的模型（图 4 - 12 - 4），加上涡轮平滑修改器的模型（图 4 - 12 - 5）。

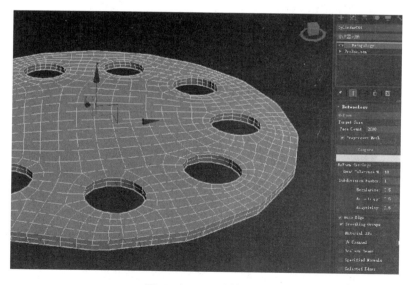

图 4 - 12 - 4　计算完成

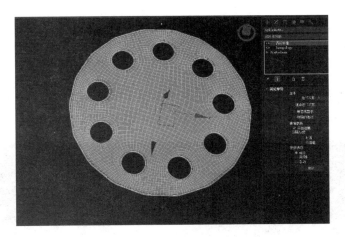

图 4 - 12 - 5　加平滑

面数为 1000 的计算完成后的模型（图 4 - 12 - 6）。加上涡轮平滑修改器的模型（图 4 - 12 - 7）。

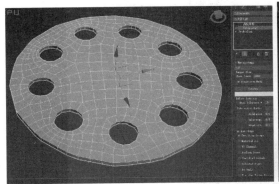

图 4 - 12 - 6　加 Rotopology

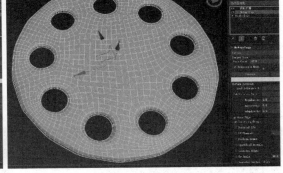

图 4 - 12 - 7　加平滑

4.13 案例 13：懒人沙发建模

3ds Max 是一款功能强大的软件，有着强大的 Polygon 建模能力，也有非常厉害的模拟能力，本案例利用 3ds Max 的布料运算进行沙发的建模（图 4 - 13 - 1）。

图 4 - 13 - 1　沙发模型

新建一个长方体，给该长方体增加较多的分段，这样能保证对长方体进行模拟时有足够多的点（图 4 - 13 - 2）。

通过挤出周边的面，形成沙发扶手（图 4 - 13 - 3）。

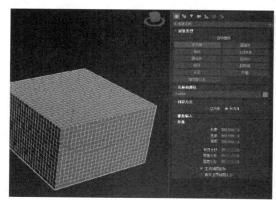

图 4 - 13 - 2　建长方体

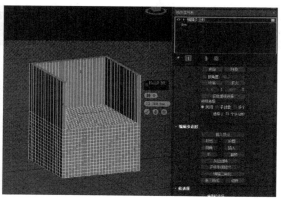

图 4 - 13 - 3　挤出扶手部分

对挤出的扶手加线，保证有足够的点（图 4 - 13 - 4）。

加线完成后，给沙发增加一个地面，因为模拟有重力效果，需要一个面支撑沙发（图 4 - 13 - 5）。

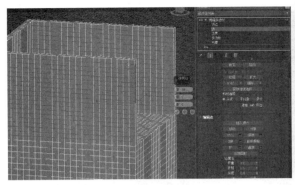

图 4 - 13 - 4　加线

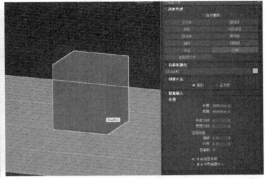

图 4 - 13 - 5　准备模拟

　　在选择沙发和地面两个物体的前提下，给两个物体一起加布料（Cloth）修改器。
布料修改器的内容比较多，主要针对对象属性进行修改（图 4 - 13 - 6）。

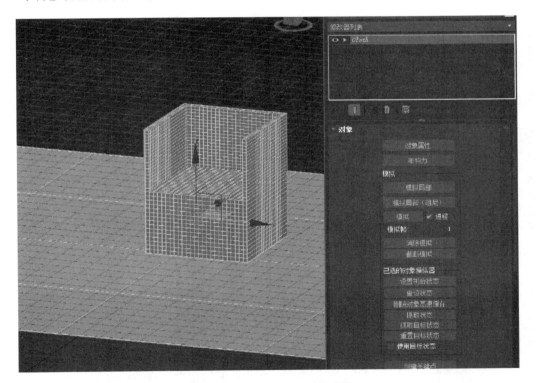

图 4 - 13 - 6　增加 Cloth 修改器

　　点击对象属性后，在窗口选择地板（Plane001），将其属性设置为冲突对象
（图 4 - 13 - 7）。

　　将沙发（Box001）设置为布料，为了让沙发"鼓起来"，压力设置为 10（图 4 - 13 - 8）。

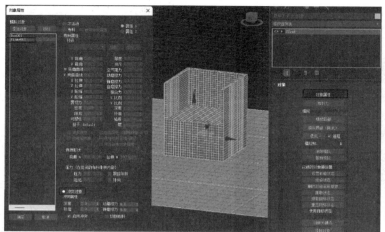

图 4 - 13 - 7　地板为冲突对象　　　　　图 4 - 13 - 8　布料参数

点击"模拟"后，系统就开始模拟布料运算，沙发也会出现布艺效果（图 4 - 13 - 9），完成时点击"取消"即可（图 4 - 13 - 10）。这时会生成一个时间轴，可以来回调看哪一帧更加合适。

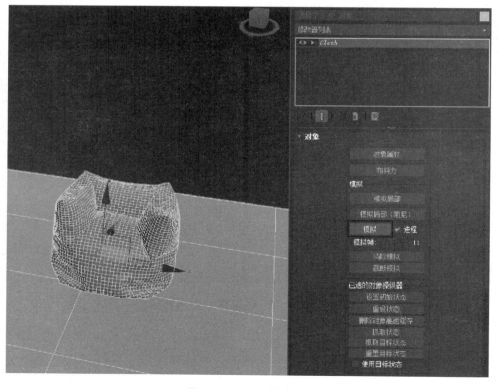

图 4 - 13 - 9　开始模拟

图 4 - 13 - 10 点取消

为沙发增加边线效果，选择边线右击鼠标进行挤出（图 4 - 13 - 11）。

对挤出的边线切角，执行编辑多边形修改器里的切角命令（图 4 - 13 - 12）。

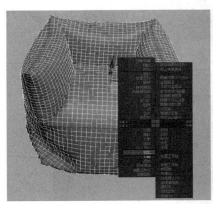

图 4 - 13 - 11 挤出边   图 4 - 13 - 12 切角

再对沙发模型增加涡轮平滑修改器，便可得到沙发基本造型（图 4 - 13 - 13）。

图 4 - 13 - 13 基本造型

为了更好模拟布料效果，将布料凹凸不平的效果凸显出来，可以增加置换修改器，使用黑白贴图产生凹凸效果（图 4 - 13 - 14、图 4 - 13 - 15）。

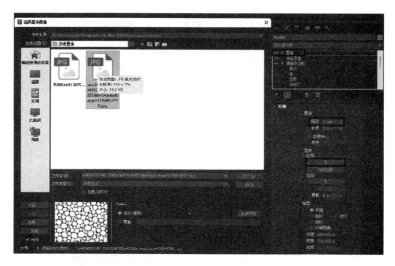

图 4 - 13 - 14 　导入置换图

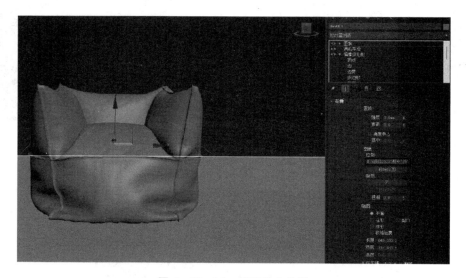

图 4 - 13 - 15 　展现凹凸效果

为了使布料贴图正确，需要增加 UVW 贴图修改器，沙发整体呈长方体，在贴图模式下选择长方体（图 4 - 13 - 16）。在材质编辑器上，将材质改为 Vray 材质，点击漫反射后面方框后选择位图，然后在文件夹里选择合适的图案（图 4 - 13 - 17）。

在材质球和沙发模型被选择的情况下，点击材质编辑器上"将材质赋予到模型"的按钮，贴图便被赋予沙发了（图 4 - 13 - 18）。最终沙发效果图如图 4 - 13 - 19 所示。

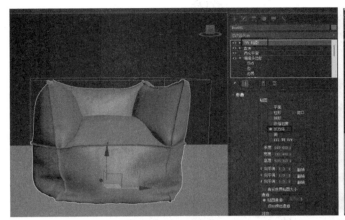

图 4-13-16 UVW 贴图   图 4-13-17 导图贴图

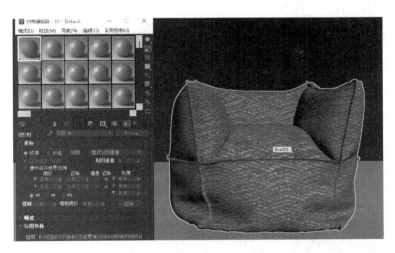

图 4-13-18 点击材质编辑器

图 4-13-19 效果图

4.14 案例 14：窗帘建模

本案例依然使用 3ds Max 中的模拟功能来进行建模，使用布料模拟，达到实际窗帘的效果。本次的建模效果使用了动画的方式进行模拟，使用一根圆柱体的动画表达窗帘产生变化。

新建一个平面，增加较多的分段数（图 4-14-1）。建一个圆柱体（窗帘杆），圆柱体跟平面上部分要重合（图 4-14-2）。

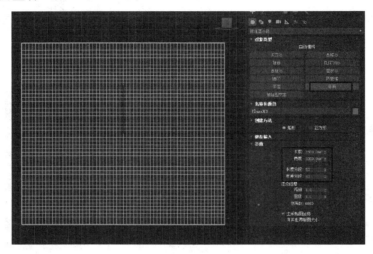

图 4-14-1 平面

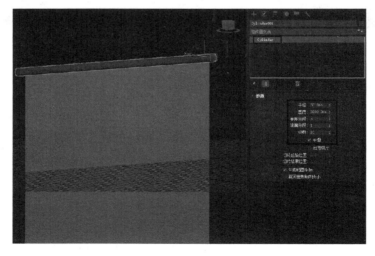

图 4-14-2 窗帘杆

将平面顶部的部分点设定成一组（图 4-14-3）。单击节点后再单击圆柱体，这时平面被设定为组的点跟圆柱体结合起来了（图 4-14-4）。

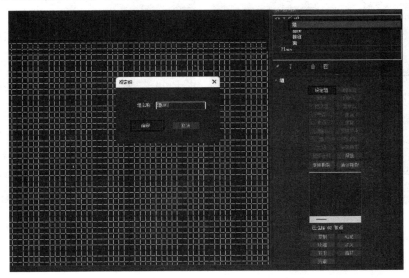

图 4-14-3　设定组

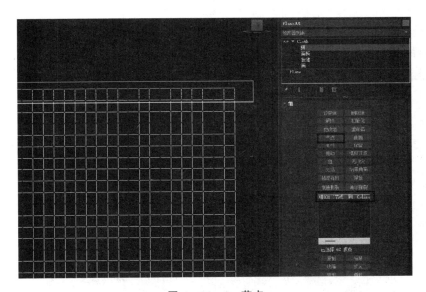

图 4-14-4　节点

给圆柱体设定动画。激活自动关键点，在第 1 帧里，点击自动关键点左边的"＋"，将第 1 帧的状态记录下来（图 4-14-5）。

将时间线调到第 100 帧上，使用缩放工具，将圆柱体缩短，由于圆柱体第 1 帧和第 100 帧之间的状态有变化，系统自动记录圆柱体第 100 帧的状态（图 4-14-6）。

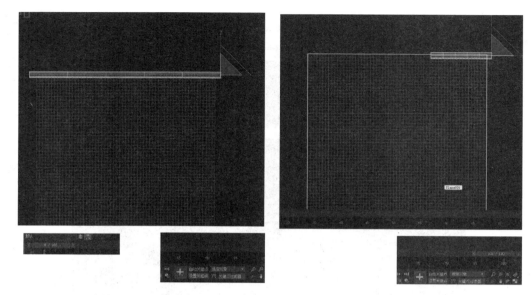

图 4 - 14 - 5 设定动画 1   图 4 - 14 - 6 设定动画 2

　　动画系统是 3ds Max 中非常重要的一部分。创作者可以利用 3ds Max 的动画系统做出非常精美的动画效果。动画系统使用记录关键帧技术，两个关键帧之间用计算机模拟中间的变化，大大节省了动画制作的时间，提升了效率。

　　给平面增加布料（Cloth）修改器，在对象属性窗口里设置平面为布料，并设置其他参数（图 4 - 14 - 7）。

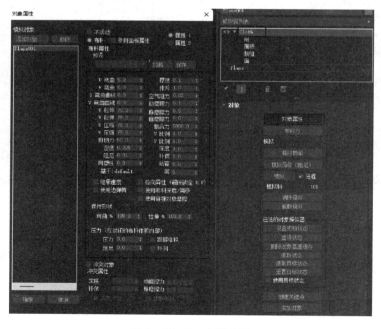

图 4 - 14 - 7 布料参数

　　点击"模拟"按钮开始模拟，平面会随着圆柱体缩短而产生布料的褶皱效果（图 4 - 14 - 8）。

　　在时间轴上调动时间点 0～100 帧，可以看到随着圆柱体的缩短，作为布料的平面也产生了布料的褶皱效果。这时我们可以选择其中效果比较好的一帧作为最终效果，也可以作为动画的整体效果记录下来。

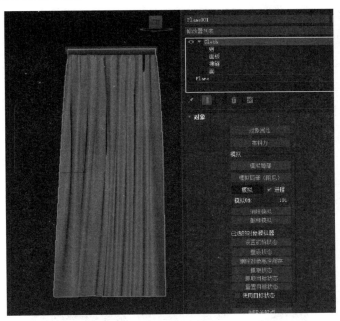

图 4 - 14 - 8　模拟动画

4.15　案例 15：轴测图创作

关于轴测图的解释如下：轴测图是一种单面投影图，在一个投影面上能同时反映出物体三个坐标面的形状，并接近于人们的视觉习惯，形象逼真，富有立体感。但轴测图一般不能反映出物体各表面的实形，因而度量性差，并且作图过程较复杂。因此，在工程上常把轴测图作为辅助图样，来说明机器的结构、安装、使用等情况，在设计中，通常用轴测图帮助构思、想象物体的形状，以弥补正投影图的不足。

轴测图被应用到一些空间的展示，能够较清晰得到空间的效果（图 4 - 15 - 1），被广泛应用到环境设计中。本案例非常适合环境设计专业的教学。

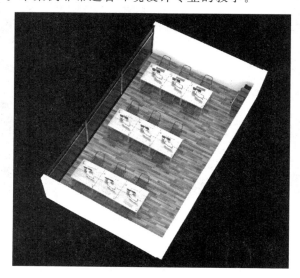

图 4 - 15 - 1　轴测图

首先，建一个长方体作为这个办公空间的地板（图 4 - 15 - 2）。

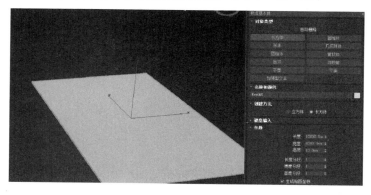

图 4 - 15 - 2　长方体做地板

再建长方体做侧边的墙体（图 4 - 15 - 3）。

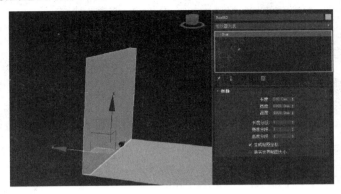

图 4 - 15 - 3　墙体

复制出另外一边的墙体（图 4 - 15 - 4）。

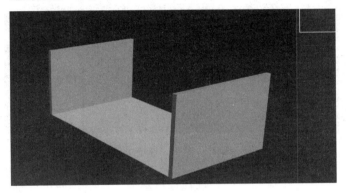

图 4 - 15 - 4　另一边墙体

注意：这时需要经常激活捕捉开关，保证墙体结合好，但不用的时候一定要取消捕捉。

系统自带窗的建模功能，这里选择固定窗做一面墙的窗（图 4 - 15 - 5）。调整窗的参数（图 4 - 15 - 6）。

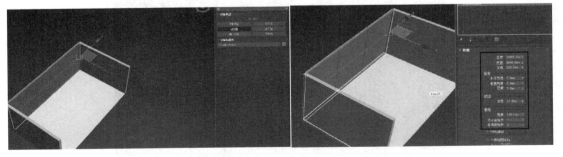

图 4 - 15 - 5　系统自带窗建模　　　　　图 4 - 15 - 6　调整参数

建另外一面墙体（图 4 - 15 - 7）。在各边墙体开一个门洞，通过连接增加线（图 4 - 15 - 8）。

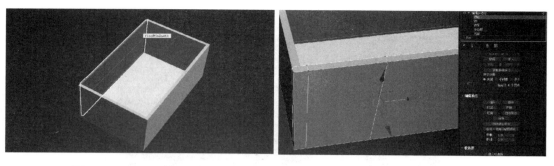

图 4 - 15 - 7　另外一面墙　　　　　图 4 - 15 - 8　找出门的位置

在各边墙体开一个门洞，通过连接增加线（图 4 - 15 - 9）。

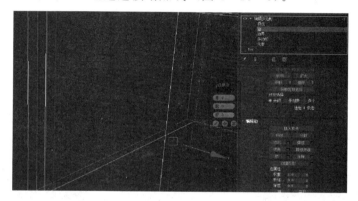

图 4 - 15 - 9　连接加线

每一个点在空间都有相应的坐标，选择点再输入坐标值，便可以确定点的位置，找出门的高度（图 4 - 15 - 10）。

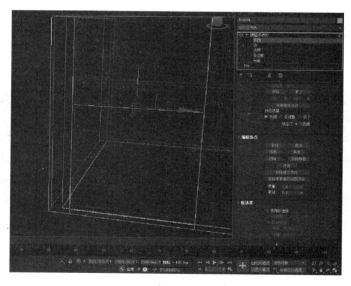

图 4 - 15 - 10　找出门的高度

删除墙体两边找出的门洞的面（图 4 - 15 - 11）。

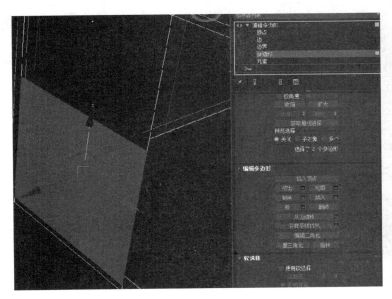

图 4 - 15 - 11　删除面

选择边界后点击封口，门洞边缘也会闭合（图 4 - 15 - 12）。

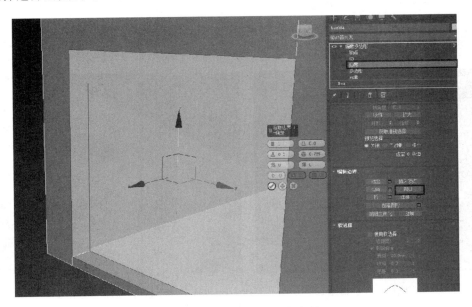

图 4 - 15 - 12　选择边界后点击封口

注意：模型的面被删除后，该面周边的线变成了边界，可以用封口补回该面。

完成空间的布局后，其他的模型可以通过导入合并的方法，置入场景里（图 4 - 15 - 13）。

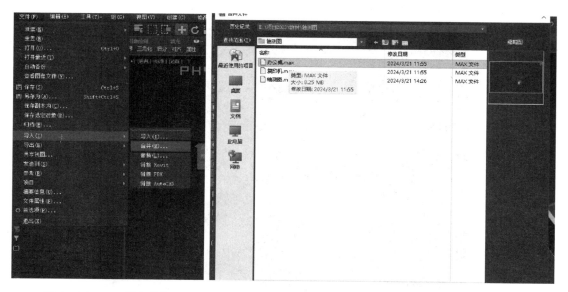

图 4-15-13　导入其他　　　　　　　　　图 4-15-14　已有模型

　　注意：在做这一类的效果图过程中，经常应用这样的方法，创作者有自己创作的模型，也有其他途径下载的模型，所以需要创造者建立自己的模型库（图 4-15-14）。

　　导入合并模型时，可以选择全部或者部分模型，根据具体情况进行安排（图 4-15-15、图 4-15-16）。

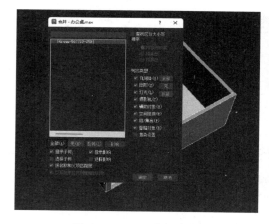

图 4-15-15　选择全部　　　　　　　　　图 4-15-16　安置模型

　　摆好电脑桌的位置，同时导入一个打印机的模型（图 4-15-17）。将渲染器改成 Vray 渲染器（图 4-15-18）。

图 4 - 15 - 17 排列模型

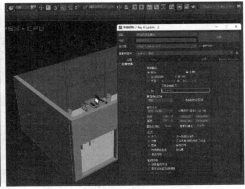

图 4 - 15 - 18 渲染器

在材质编辑器上将材质球修改为 Vray 材质（图 4 - 15 - 19）。Vray 材质有预设，对于一些常用的材质可以选预设，如窗的材质有玻璃和铝合金可供选择（图 4 - 15 - 20）。

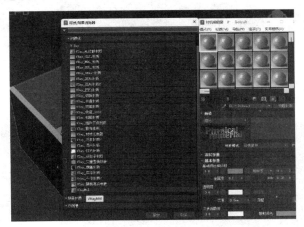

图 4 - 15 - 19 Vray 材质球

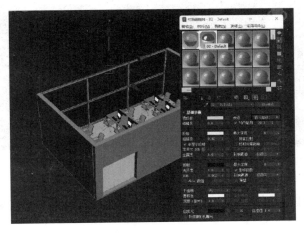

图 4 - 15 - 20 使用设定好材质

制作白墙的材质，只需要将漫反射的颜色调成白色（图4-15-21）。

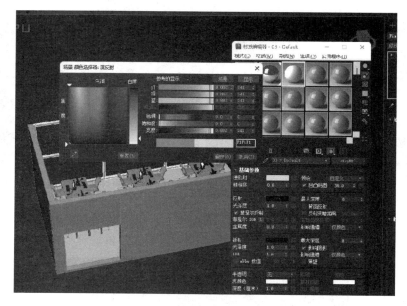

图4-15-21　墙体材质

地板是木地板，使用贴图建构木地板（图4-15-22）。

图4-15-22　木板贴图

将材质球赋予地板模型（图4-15-23）。对地板模型增加UVW贴图修改器，调整贴图的尺寸（图4-15-24）。

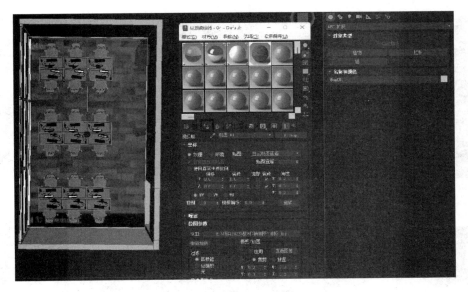

图 4 - 15 - 23   贴图

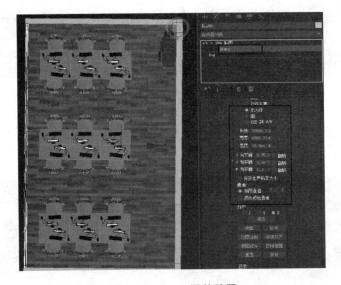

图 4 - 15 - 24   调整贴图

电脑桌的模型是导入的模型，是原来贴图，现在却无法看到电脑桌的贴图，因为贴图的链接路径有问题，需要进行调整（图 4 - 15 - 25）。

调整贴图的路径后便可将贴图显示出来（图 4 - 15 - 26）。

注意：一般被合并进来的都有这样的问题，需要重新调整贴图的路径。

点击按钮回到材质编辑器的主菜单（图 4 - 15 - 27）。桌面有反光效果，在反射后面增加反射贴图，使用渐变贴图进行反射（图 4 - 15 - 28）。

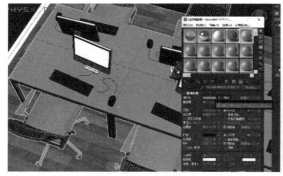

图 4 - 15 - 25　处理贴图 1　　　　　　　　图 4 - 15 - 26　处理贴图 2

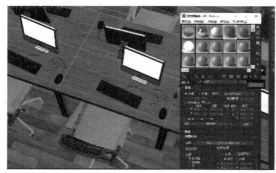

图 4 - 15 - 27　回到材质编辑器的主菜单　　　图 4 - 15 - 28　渐变反射

其他模型使用同样的办法找回贴图，并让其显示出来。设置摄影机位置，从上往下观察（图 4 - 15 - 29）。

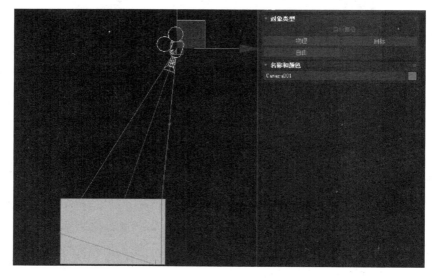

图 4 - 15 - 29　摄影机

按键盘的 C 键切换到摄影机视图（图 4 - 15 - 30）。给场景增加一个环境光，环境光的好处是可以使整个环境都发光，这样的光线分布比较均匀（图 4 - 15 - 31）。

图 4 - 15 - 30　摄影机视图

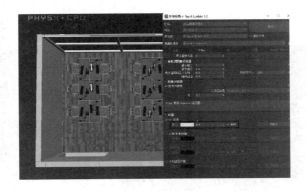

图 4 - 15 - 31　环境光

注意：Vray 渲染器有多种灯光可以用于渲染，本场景也可以用 Vray 灯光，如太阳光等。

先渲染一张小图进行测试，如果没有问题后再做大渲染（图 4 - 15 - 32、图 4 - 15 - 33）。

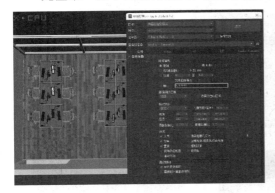

图 4 - 15 - 32　渲染小图

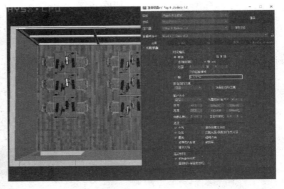

图 4 - 15 - 33　渲染大图

在实际渲染中，会发现墙体很高，干扰到摄影机的视线，此时可以将墙体建矮些，也可以如图增加切片修改器，将部分模型隐藏（图 4 - 15 - 34）。

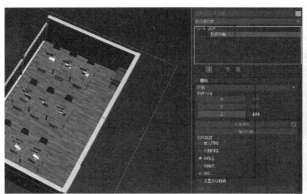

图 4 – 15 – 34　切片的应用

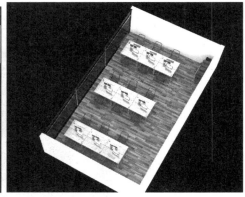

图 4 – 15 – 35　轴测图效果图

利用这个场景继续深化学习，可以创作出室内设计的效果图（图 4 – 15 – 36、图 4 – 15 – 37）。

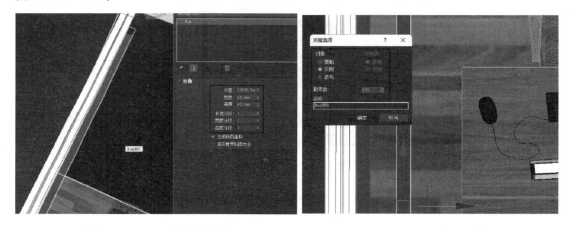

图 4 – 15 – 36　制作天花板　　　　　　图 4 – 15 – 37　复制天花板

给办公室做个天花板，使用条形的花纹，建好一个长方体，使用复制的方法构建其他的模型，使其布满整个天花板（图 4 – 15 – 37、图 4 – 15 – 38）。

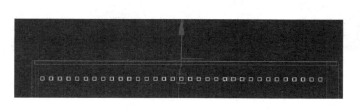

图 4 – 15 – 38　建长方体

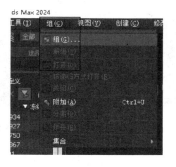

图 4 – 15 – 39　打组

　　由于长方体数量过多，又是同样的一类物体，因此可以将其组成一组，这样会方便后期的处理。

　　虽然给场景增加了天花板，但是天花板不能将顶上的光完全隔离，需要做个类似屋顶的物体挡住顶上的光。

　　建一个比地面稍大的长方体，放置在天花板的上方，作为屋顶（图 4 - 15 - 40）。

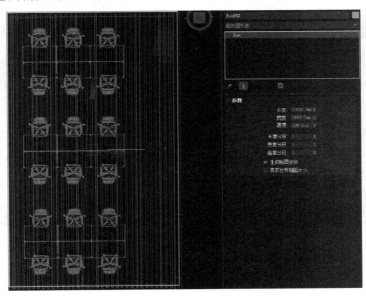

图 4 - 15 - 40　增加楼板

　　给场景增加摄影机，由于摄影的观察范围有限制，所以将摄影机放置在场景外的地方（图 4 - 15 - 41）。

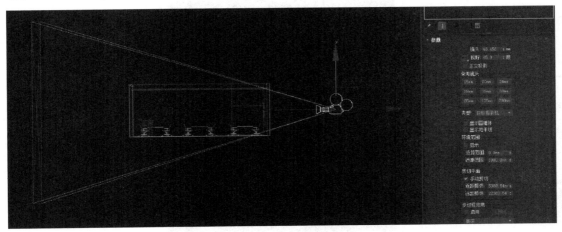

图 4 - 15 - 41　设置摄影机

注意：摄影机放在场景外的地方，这时候能够观察到场景更宽的视角，当然如果调整摄影机的焦距也能改变观察的角度，但是更短的焦距也会造成空间的扭曲，使得实际效果表现不佳。

无翼摄影机被场景的墙体挡住，所以需要对摄影机进行剪切平面。激活"手动剪切"，调整近距剪切的数值，摄影机可以跳过这个数值，直接拍摄数值后面的场景（图 4 - 15 - 42）。

图 4 - 15 - 42　剪切平面

取消场景中的环境光（图 4 - 15 - 43）。

图 4 - 15 - 43　环境光

给场景增加 Vray 太阳光（图 4 – 15 – 44）。

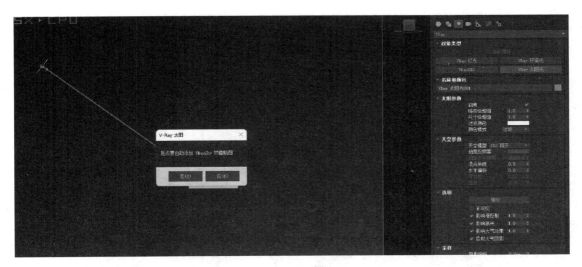

图 4 – 15 – 44　太阳光

太阳光的强度非常强，需要将强度倍增值调整为 0.01（图 4 – 15 – 45）。

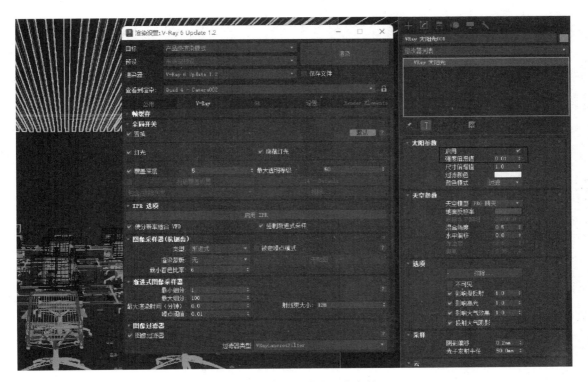

图 4 – 15 – 45　调整太阳光参数

轴测量的室内设计效果如图 4 - 15 - 46 所示。

图 4 - 15 - 46　室内效果

4.16 案例 16：室内效果图

CAD 是一款非常好用的制图软件，它可以绘制二维和三维图形，广泛地应用于建筑设计、家装设计、制造业等行业。以绘制课室室内效果图（图 4-16-1）为例，一般我们会选择将 CAD 导入 3ds Max 里再进行建模操作（图 4-16-2），这样可以得到更加精准的空间效果，更大程度呈现设计效果。

图 4-16-1　课室室内效果图

图 4-16-2　导入 CAD 图

首先是 CAD 图的导入，将已经设计好的 CAD 图导入到 3ds Max 当中（图 4-16-3），注意导入时的单位设置，以及勾选单位设定后面的"重缩放"，保证导入 3ds Max 里面的 CAD 图的单位与设计图的单位一致（图 4-16-4）。

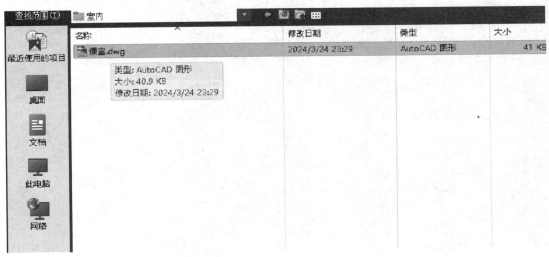

图 4-16-3　选择要导入的 CAD 图

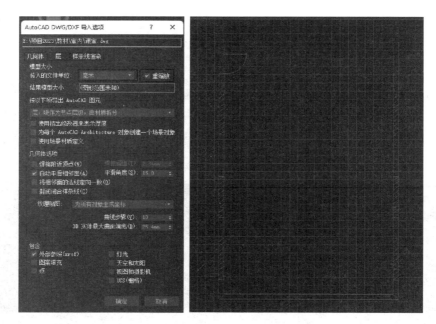

图 4 - 16 - 4 导入前设置及导入后

注意：CAD 图导入后，最好将 CAD 图放置到空间的中心，以方便后期的操作。

右击"三维捕捉"按钮，设置捕捉点，只勾选"顶点"和"端点"两个选项（图 4 - 16 - 5）。

使用图形的线对内墙描一圈，需要闭合样条线，注意在门和窗的位置上需要保留点，这样才能还原空间的门窗位置（图 4 - 16 - 6）。

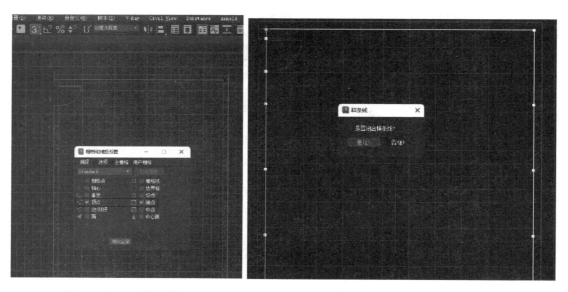

图 4 - 16 - 5 准备捕捉　　　　　　　　　　　**图 4 - 16 - 6 内墙绘画**

课室的高度使用挤出修改器挤出 3500mm（图 4 - 16 - 7）。

现在能看到的是长方体的外表面，但我们需要看到的是长方体的内部，所以需要改变长方体的显示方式（图 4 - 16 - 8）。

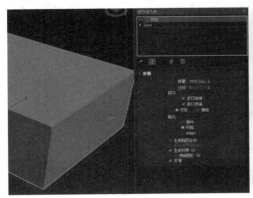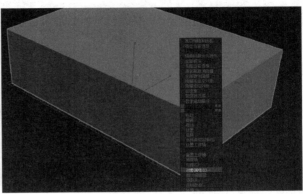

图 4 - 16 - 7　挤出　　　　　　　　　图 4 - 16 - 8　改变长方体的显示方式

在对象属性里勾选"背面消隐"，同时增加法线修改器，就可以看到长方体内部（图 4 - 16 - 9）。

通过加线的方法确认门和窗的位置（图 4 - 16 - 10）。

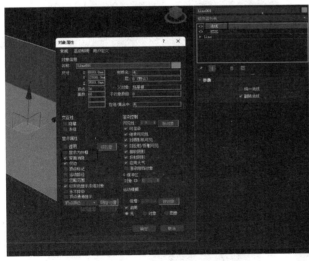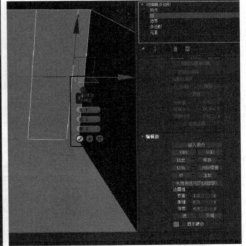

图 4 - 16 - 9　勾选"背面消隐"，增加法线修改器　　图 4 - 16 - 10　确认门和窗的位置

调整门的高度，因为地面高度为 0mm，故将上部分的点的坐标值设定为 2100mm，这样门的高度跟通用的门的高度尺寸相同（图 4 - 16 - 11）。

窗的高度设置跟门的设置相似，窗需要设定上下的高度，下高为 1000mm，上高为 2500mm（图 4 - 16 - 12）。

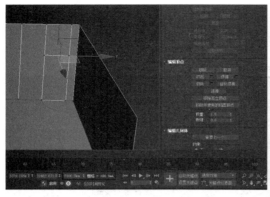

图 4 - 16 - 11 门的高度

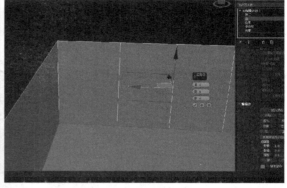

图 4 - 16 - 12 窗的高度

设定好窗的高度（图 4 - 16 - 13）。使用挤出命令挤出窗的造型，挤出的量为负值，窗的面往外挤出（图 4 - 16 - 14）。

在编辑多边形中，选择被挤出的面，采用分离命令分离这些面，将这些面设定为玻璃材质（图 4 - 16 - 15）。

右击鼠标，在菜单中选择隐藏这些分离出来的面（图 4 - 16 - 16）。

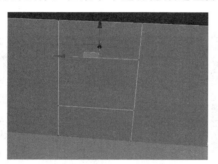

图 4 - 16 - 13 设置窗的高度

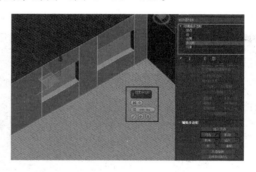

图 4 - 16 - 14 挤出窗

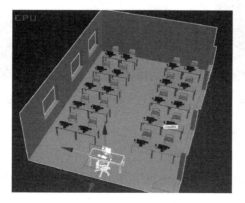

图 4 - 16 - 15 分离窗玻璃

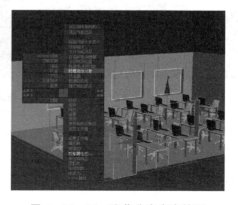

图 4 - 16 - 16 隐藏分离出来的面

导入合并电脑桌和窗的模型（图 4 - 16 - 17）。导入合并门的模型（图 4 - 16 - 18）。

图 4 - 16 - 17　导入模型

图 4 - 16 - 18　门的模型

导入黑板和百叶窗的模型（图 4 - 16 - 19）。给墙做造型，使用切片平面命令，调整好平面的高度后，点击切片完成切片（图 4 - 16 - 20）。

图 4 - 16 - 19　其他模型

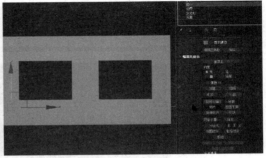

图 4 - 16 - 20　增加墙体造型

依次调整平面的高度，如 700mm、1400mm、2100mm、2800mm，将墙分成几部分（图 4 - 16 - 21）。

现在对新得到的墙，使用挤出命令往外面挤出，形成凹进去的效果（图 4 - 16 - 22）

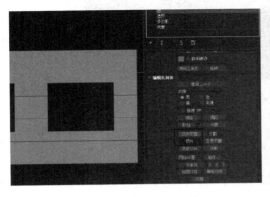

图 4 - 16 - 21　多次切片

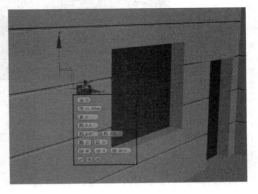

图 4 - 16 - 22　挤出

再对挤出的线切角，令凹槽的过渡圆滑一些（图 4 - 16 - 23）。

将课室的天花板处理一下，完善整个课室的环境（图 4 - 16 - 24）。

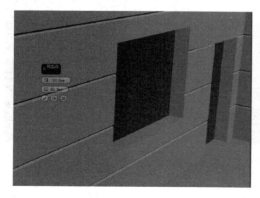

图 4 - 16 - 23　切角

图 4 - 16 - 24　天花板处理

将一个材质球改为 Vray Mtl（Vray 材质），点击漫反射颜色后面的方框，选择通用的位图作为贴图，选择一张墙纸贴图（图 4 - 16 - 25）。

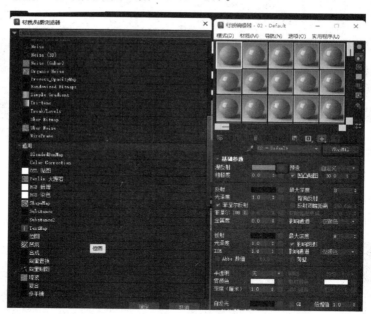

图 4 - 16 - 25　贴图

给墙体添加 UVW 贴图修改器，将贴图模式改为长方体，保证每一堵墙的贴图都是正确统一的（图 4 - 16 - 26）。

将墙体做一个塌陷，即将已经做好的效果保存下来，因为要对长方体中地板的材质做修改（图 4 - 16 - 27）。

同样是点击漫反射后的方框，但是选择通用中的平铺（图 4 - 16 - 28）。

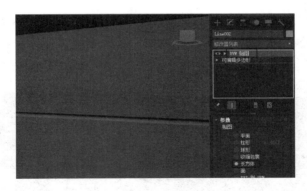

图 4 - 16 - 26 UVW 贴图

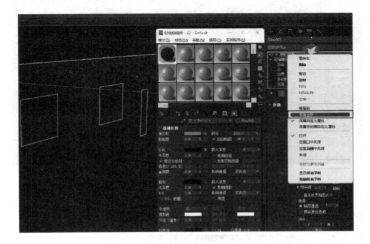

图 4 - 16 - 27 塌陷全部固定之前的修改

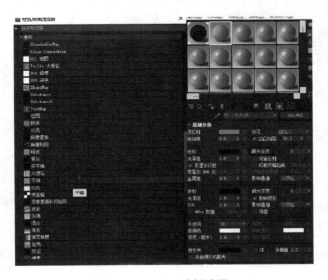

图 4 - 16 - 28 地板贴图

注意：平铺是专门针对需要重复和缝隙的贴图设定的一种贴图显示模式。

点击纹理后的"None"选项，再选择贴图。改变水平数和垂直数可以增加贴图的重复数量，像一块块砖一样贴上（图4-16-29）。

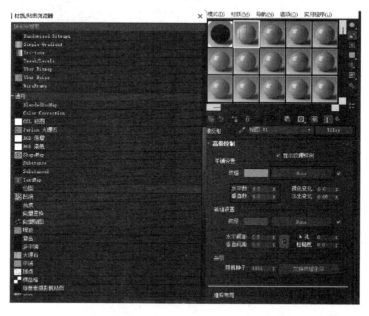

图4-16-29 平铺应用

将贴图赋予被选择的地面模型并观察效果（图4-16-30）。

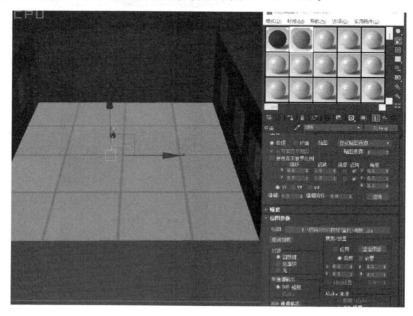

图4-16-30 将贴图赋予被选择的地面模型

增加水平数和垂直数，缩小缝隙（图 4 - 16 - 31）。

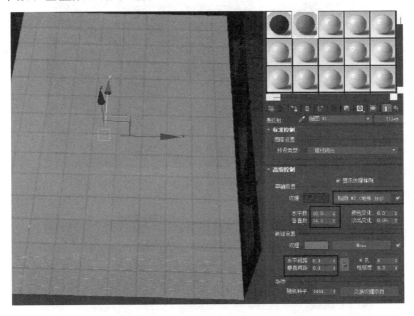

图 4 - 16 - 31　平铺设置

天花板发亮是因为被赋予了 Vray 灯光材质（图 4 - 16 - 32）。

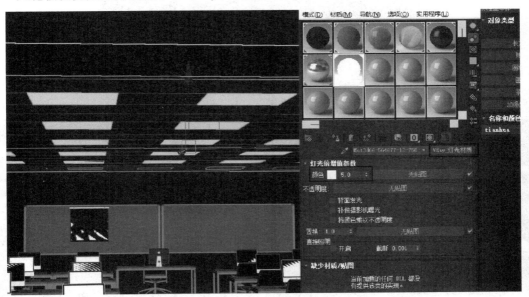

图 4 - 16 - 32　发光材质

完成其他模型的材质贴图的处理（图 4 - 16 - 33）。最后渲染效果如图 4 - 16 - 34
所示。

图 4 - 16 - 33 完成其他模型店材质贴图的处理

图 4 - 16 - 34 渲染效果

在灯光贴图的灯下增加 Vray 灯光（图 4 - 16 - 35）。

在黑板的那堵墙增加 Vray IES 灯光（图 4 - 16 - 36）。

图 4 - 16 - 35 增加 Vray 灯光

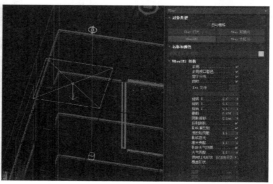

图 4 - 16 - 36 增加 Vray IES 灯光

注意：光域网是灯光的一种物理性质，确定光在空气中发散的方式，展现出光线在一定的空间范围内所形成的特殊效果，存储于 IES 文件当中，IES 文件是效果图中常用的模拟灯光的文件。

　　IES 光域网能够模拟不同灯光效果，IES 文件可以在网上下载（图 4 - 16 - 37～图 4 - 16 - 39）。

图 4 - 16 - 37　光域网的特点

图 4 - 16 - 38　渲染效果（人造灯光）

图 4 - 16 - 39　渲染效果（太阳光）

4.17　案例 17：建筑建模

本案例利用 3ds Max 复原一个现实存在的小建筑：一座小型的巴士站（图 4 - 17 - 1），除了巴士站的造型外，还需要布局巴士站周边的环境（图 4 - 17 - 2）。

图 4 - 17 - 1　实拍图 1　　　　　　　　　图 4 - 17 - 2　实拍图 2

使用图形中的矩形画出一个跟巴士站轮廓相似的长方形（图 4 - 17 - 3）。

将矩形转成可编辑样条线，将两个点设置为圆角使一边变成圆形（图 4 - 17 - 4）。

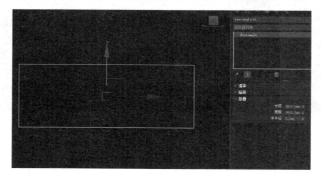

图 4 - 17 - 3　图形建模

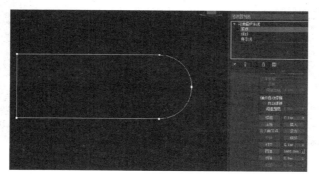

图 4 - 17 - 4　圆角

选择样条线，使用轮廓命令得到另外一条线，这样可以用挤出命令得到对应造型（图 4 - 17 - 5）。

使用优化命令在线上增加点，方便下一步的编辑（图 4 - 17 - 6）。

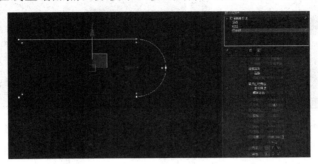

图 4 - 17 - 5　轮廓

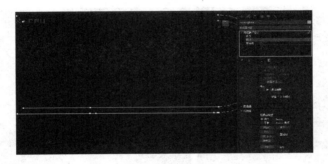

图 4 - 17 - 6　优化加点

使用连接命令对两个分开的点连起来，注意连接命令的操作（图 4 - 17 - 7）。

将线的造型调整到如图效果（图 4 - 17 - 8），接近真实造型的轮廓。

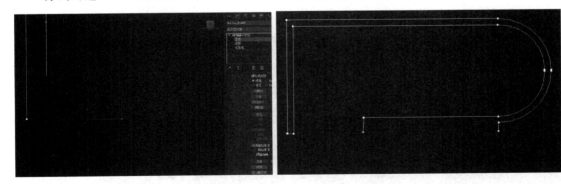

图 4 - 17 - 7　连接点　　　　　图 4 - 17 - 8　调整造型

使用基挤出修改器挤出造型，同时需要多复制几个备用（图 4 - 17 - 9）。

将复制出来的线删除一部分不需要的，保留单线便可（图 4 - 17 - 10）。

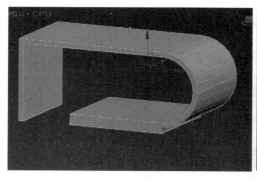

图 4 - 17 - 9　挤出造形

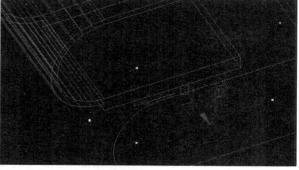

图 4 - 17 - 10　删除一部分不需要的线

将线修改成如下的造型，一个做铝合金窗的框，一个做玻璃（图 4 - 17 - 11）。
使用挤出修改器挤出造型（图 4 - 17 - 12）。

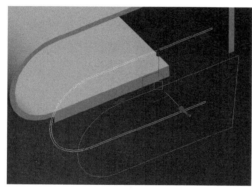

图 4 - 17 - 11　利用已有基础

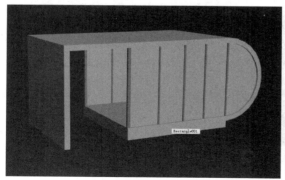

图 4 - 17 - 12　铝合金和玻璃

将铝合金的框架和玻璃放置到主要造型里（图 4 - 17 - 13）。对主造型的角做圆滑效果，选择角上的两条边做切角（图 4 - 17 - 14）。

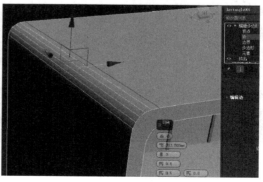

图 4 - 17 - 13　放置到主要造型

图 4 - 17 - 14　圆滑效果

丰富巴士站的造型，边上有镂空的造型，使用布尔运算的方法处理，制作长方体，与巴士站重合（图 4 - 17 - 15）。

在复合对象中点击"ProBoolean（超级布尔）"选项，然后点击"开始拾取"选项，依次点击各个长方体（图 4 - 17 - 16）。

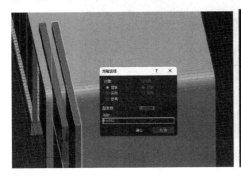
图 4 - 17 - 15   丰富造型

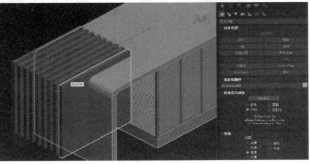
图 4 - 17 - 16   布尔运算

巴士站与长方体有交集的地方被减去后，做出镂空的造型（图 4 - 17 - 17）。制作巴士站有阶梯的地方（图 4 - 17 - 18）。

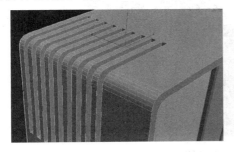
图 4 - 17 - 17   形成镂空的造型

图 4 - 17 - 18   制作阶梯

继续完善巴士站的造型，制作巴士站牌匾，利用挤出线的方法，将挤出的数值设为负，便形成凹下去的造型（图 4 - 17 - 19）。

增加 BUS 文字造型，使用图形的文字工具然后挤出立体造型（图 4 - 17 - 20）。

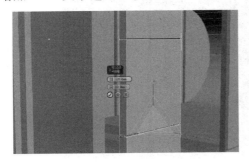
图 4 - 17 - 19   招牌

图 4 - 17 - 20   文字挤出

完善巴士站的材质贴图，分别赋予玻璃、铝合金等材质（图4-17-21）。

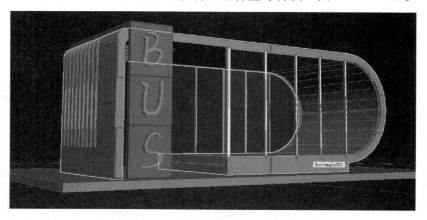

图4-17-21　材质贴图

导入不同的树木模型完善场景（图4-17-22）。

图4-17-22　完善场景

使用Backdrop Generator创建背景（图4-17-23）。

图4-17-23　渲染图

　　在效果图的制作中，为了提高效率和减少时间，可以应用一些插件。Backdrop Generator（背景生成器）是一款插件，通过背景生成器产生虚拟背景，可以增加模型真实感（图 4 - 17 - 24）。

 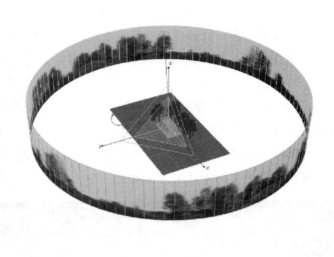

图 4 - 17 - 24　插件的应用

　　增加了背景图，使得天地相交的地方有合适的填充，丰富了细节，增强了真实效果（图 4 - 17 - 25）。

图 4 - 17 - 25　效果图

4.18 案例 18：Twinmotion 的应用

Twinmotion 是由游戏引擎开发企业 Epic 推出的可视化效果创作软件，是一款功能强大的 3D 建筑渲染软件，利用这款软件可以轻松地制作出沉浸式的可视化效果。这款软件目前被广泛应用在各种设计和建筑项目等领域，有着强大的渲染能力和兼容性，可以进行最后一步的优化处理，让你的图像或者视频内容符合当下的视频场景，让表现效果达到最佳。

Twinmotion 的界面简单易懂，它可以将三维软件导出的模型置入场景中（图 4 - 18 - 1），通过其专业、强大的模型和材质贴图库的优化，可以很快对模型进行渲染，其渲染技术基于游戏的即时渲染技术，可以非常快地得到高质量的图像或视频。随着其功能的进一步优化，建筑渲染创作的流程也随之改变。

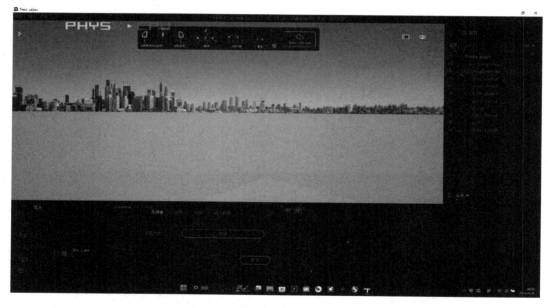

图 4 - 18 - 1　导入基础模型

在 Twinmotion 的主界面点击导入，导入在 3ds Max 导出的 FBX 文件（这里也可以是其他格式文件）

将模型置入场景会发现软件的界面非常简洁，其实软件有一个包含大量素材的素材库，点击左上角的三角箭头可以非常方便地调用这些素材。

在素材库可以找到材质库、模型库、灯光库等，内容非常丰富且容易被调用（图 4 - 18 - 2）。

图 4 - 18 - 2　素材库

将贴图材质拖到相应的模型便可，如图的石砖贴图与地面贴图（图 4 - 18 - 3、图 4 - 18 - 4）。

图 4 - 18 - 3　石砖贴图

图 4 - 18 - 4　地面贴图

从车辆库里的公交车模型库导入一辆公交车到场景中（图 4 - 18 - 5），再导入两辆轿车（图 4 - 18 - 6）。

图4-18-5　导入公交车

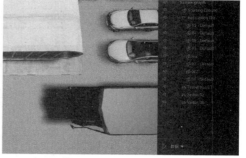

图4-18-6　导入轿车

　　绘制一条人行道，这样会不断有行人沿着人行道行走（图4-18-7）。

　　随机绘制植采用了游戏创作技术，将需要用的植被拖到下面的池里，再点击画笔工具，这样在场景中涂画时可以随机产生植被（图4-18-8）。

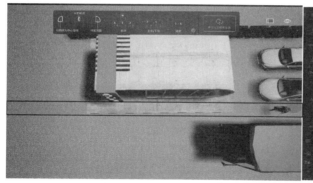

图4-18-7　设置人行道

图4-18-8　植物

　　调整场景的灯光效果，可以调整曝光、白平衡、太阳强度等（图4-18-9）。

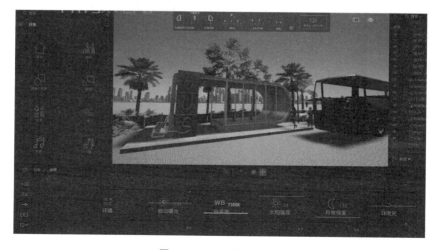

图4-18-9　灯光调整

在视图中调整摄影机角度，点击"创建图片"选项，便可记录一张图片（图 4 - 18 - 10）。

图 4 - 18 - 10　创建图片

导出所创建的图片需要在导出菜单上，点击"图片"选项再选择要导出的位置便可（图 4 - 18 - 11）。最后渲染效果图如图 4 - 18 - 12、图 4 - 18 - 13、图 4 - 18 - 14 所示。

图 4 - 18 - 11　导出图

图 4 - 18 - 12　效果图 1

图 4 - 18 - 13 效果图 2

图 4 - 18 - 14 效果图 3

注意：Twinmotion 拥有的这个强大的模型库和贴图库，大大地提升了创作效率，而且其渲染速度非常快，将会改变人们的创作方式。

4.19　案例 19：动画建筑

　　教学到现在，相信大家对建模方法和过程有比较深的认识了，本案例主要展示的不是
建模部分内容，而是游戏或动画场景的制作过程，特别是 UV 的拆分和贴图的绘制
（图 4-19-1～图 4-19-3）。

图 4-19-1　软件里的截图

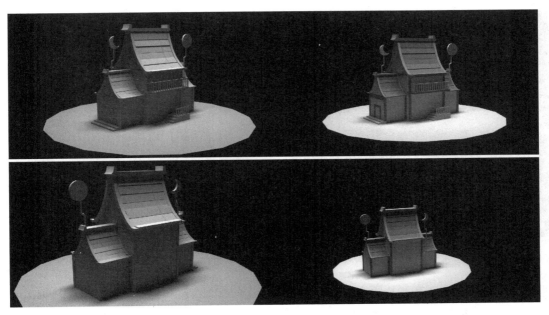

图 4-19-2　白模的效果渲染图　　　　图 4-19-3　默认颜色渲染图

图 4 - 19 - 4 带贴图的渲染图

注意：拆分 UV 就是把模型完全展开，将立体的模型平面化，便于画贴图。拆分 UV 可以方便贴图更好地贴合到 3D 模型中，并且贴图内容位置对应模型位置更准确，比如一个骰子六个面，要画贴图就先要把 UV 拆成一个平面，因为我们绘制出的贴图是平面的，所以 UV 也要拆成平面。

在文件菜单里选择导出，导出 OBJ 文件（图 4 - 19 - 5）。默认选择导出（图 4 - 19 - 6）。

图 4 - 19 - 5 完成模型后导出　　　　　　图 4 - 19 - 6 导出 OBJ 文件

注意：3ds Max 有 UV 拆分模块，但在功能上没有 RizomUV 那样强大，使用 RizomVU 可以大大缩短拆分 UV 的时间，本案例采用 RizomUV 进行模型的 UV 拆分。

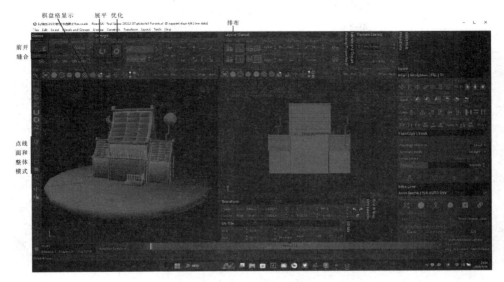

图 4 - 19 - 7 **RizomUV 的界面**

注意：RizomUV 是一款专门的 UV 拆分软件，是一款英文版软件。主要窗口左边是三维视图，右边是 UV 视图。UV 展开的主要操作方法是根据模型的特点，找到合适剪开的位置的线，把线剪开后然后将模型展平。所有的模型放在一起的 UV 需要重新包装一下。主要是因为显示贴图的位置有限，需要 UV 尽可能的占用大部分的位置，贴图也就能占更大面积，这样贴到模型上的贴图会更加清晰（图 4 - 19 - 7）。

选择整体模型模式，再点击房屋下的圆柱体，按键盘的"I"键只显示圆柱体，如果想重新显示所有模型，按键盘"Y"键（图 4 - 19 - 8）。

注意：模型选择有点、线、面和整体模型四个模式，分别对应键盘的"1""2""3""4"键。

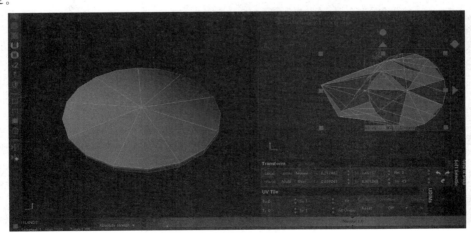

图 4 - 19 - 8 **整体模型模式**

切换到线模式，选择圆柱体上面的圆的圆边，点击"Cut（剪开）"选项，模型面被剪成两部分（图 4 - 19 - 9）。

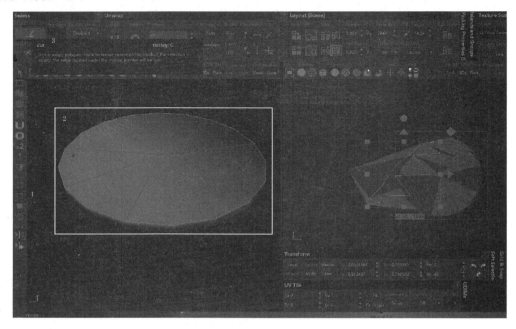

图 4 - 19 - 9　选择剪开位置

模型被剪开后，点击展平命令，之前右边的 UV 是乱的，现被展平成两个圆（图 4 - 19 - 10）。

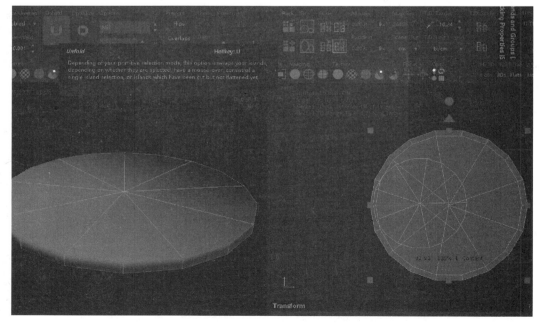

图 4 - 19 - 10　剪开后展平

把这个异形体当成一个盒子，沿着角边选择边，然后剪开（图 4 - 19 - 11）。

图 4 - 19 - 11　几何体剪开

选择这个模型后点击"展平贴图"选项便可得到右边被展平的贴图（图 4 - 19 - 12）。

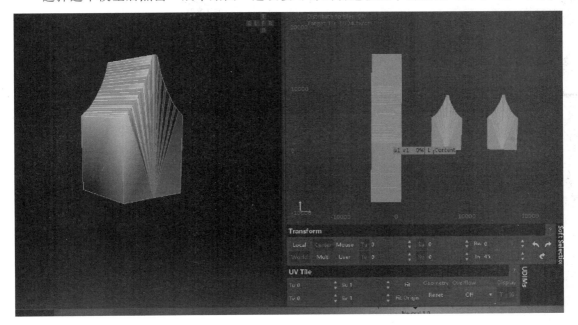

图 4 - 19 - 12　展平

注意：在选择从哪些点剪开模型时，一般选择模型比较隐蔽的地方，还有模型变化较大的地方，比如其夹角等于或小于90°的。

图中屋檐的模型被展平后，我们可以发现模型中有跟屋檐一样的模型，为了不用做重复工作，软件提供了将相似模型一键处理的功能（图4-19-13）。

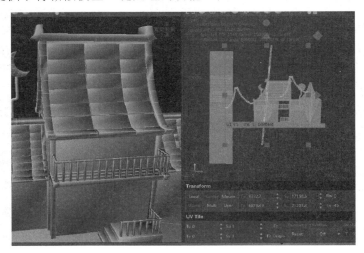

图4-19-13 一键处理

选择已经被展开的屋檐模型，点击图中"更新相似模型UV"的按键，相似模型会被用同样的方法剪开，模型的相似度可以通过Symilarity的数据进行调整（图4-19-14）。

图4-19-14 通过Symilarity的数据调整

如图醋展平是一块长方体的砖的UV（图4-19-15）。点击"棋盘格显示"可以观察UV是否正确，使用刚才的方法更新相似模型的UV，这样相似模型就会被正确展开（图4-19-16）。

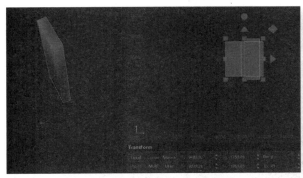 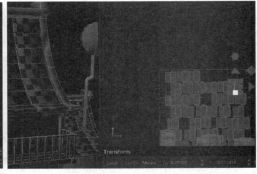

图 4 - 19 - 15　展开一块楼顶砖　　　　　图 4 - 19 - 16　传递同样的属性

当所有模型都被展开后，选择所有模型点击"排布"选项，整个模型的 UV 都会被排在一个框里。完成 UV 拆分后，只需要保存文件便可将 UV 信息保存到模型中（图 4 - 19 - 17）。

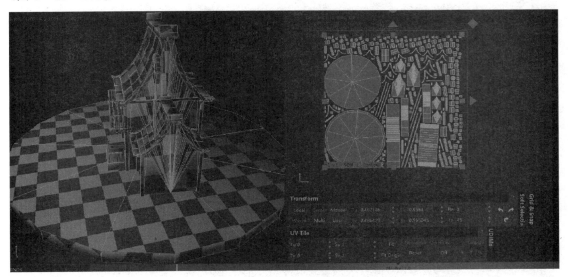

图 4 - 19 - 17　点击"排布"

Substance Painter 软件是一款功能强大的 3D 纹理贴图软件，该软件提供了大量的画笔与材质，用户可以设计出符合要求的图形纹理模型，软件具有智能选材功能，用户在使用涂料时，系统会自动匹配相应的设计模板，非常实用（图 4 - 19 - 18）。

打开软件后，在文件菜单点击"新建"选项，便出现图上的菜单，在选择那里选择刚刚完成 UV 拆分的模型，文件分辨率根据实际需求调整，分辨率越高图片越清晰（图 4 - 19 - 19）。

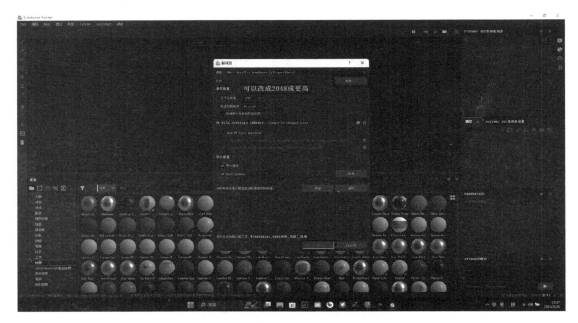

图 4 - 19 - 18　建立绘画项目

工具栏　　　　　　　　　　　　　显示模式

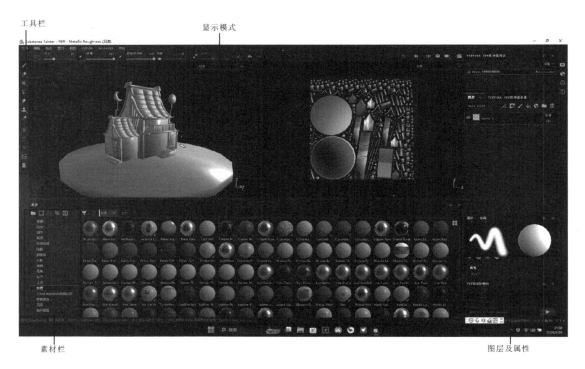

素材栏　　　　　　　　　　　　　图层及属性

图 4 - 19 - 19　SP 界面

Substance Painter 在我们的日常生活中能够广泛运用，从游戏开发到电影制作，从功能动画到视觉效果，这些行业都能够充分的使用 SubstancePainter 的无与伦比的速度。Substance Painter 灵活性和视觉质量让用户的创作更加出色。SubstancePainter 能够为用户提供智能材质、智能蒙版和集成的烘焙器，以及最先进的实时视口，并且内置了粒子绘制和材质绘制功能，可以打造真实的纹理渲染效果，提升绘制效率，节省处理细节的时间，非常适合一些游戏开发商和动画、视觉效果工作室的人员使用。该软件的界面与 Photoshop 非常相似，目前 Substance Painter 已经被 Adobe 收购，对于经常使用 Photoshop 的用户来说，这款软件的操作难度并不大。Substance Painter 能够完美地与 Unity、Unreal、Amazon Lumberyard、Adobe Dimension、Vray、Arnold、Renderman 等软件兼容，支持用户进行跨软件操作。

将模型的贴图模式改为 Basecolor（基本颜色），因为按照 PBR 流程，模型可以有很多不同的贴图，本案例先从简单开始。在材质图里拖一张木纹贴图到图层上，这样整个模型都有了木纹效果的贴图（图 4 - 19 - 20）。

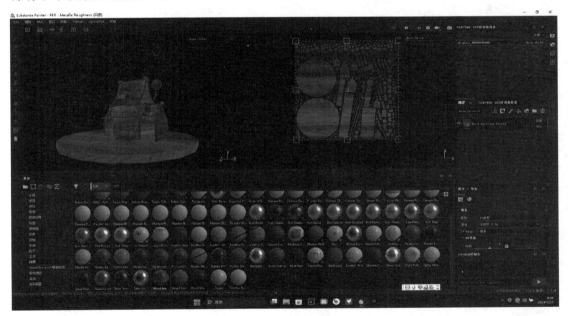

图 4 - 19 - 20　利用软件的贴图

为了使贴图能精确落到相应的模型上，使用黑色遮罩的方法选定模型或区域（图 4 - 19 - 21）。

这里的操作分为 4 步：第 1 步，点击刚刚增加的黑色遮罩，确保是在调整黑色遮罩的内容；第 2 步，在工具栏上点击"几何体填充"，在几何体填充里的 4 个选项里选择第 3 项；第 3 步是模型填充，因为这时候模型填充比三角形填充等要高效一些；第 4 步是在模型上点击需要填充的模型。完成后我们发现被点击的模型被赋予了贴图，而没有被点击的模型，依然是透明的贴图（图 4 - 19 - 22）。

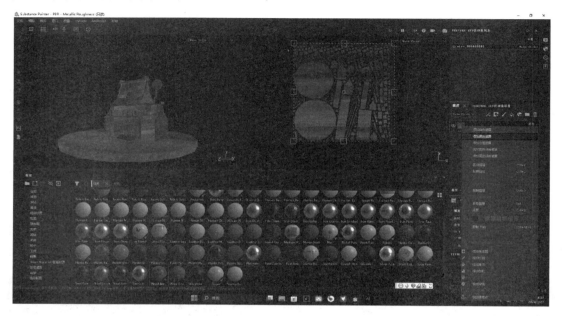

图 4 - 19 - 21　黑色遮罩的应用

图 4 - 19 - 22　透明的贴图

在这里我们继续给房顶的砖加上贴图，使用填充的方法增加颜色，填充的颜色默认是白色，我们将其改成红色。在填充颜色后，加上一个黑色遮罩，使用同前面木纹贴图一样的处理方式，分别点击将填充的颜色赋予到砖上。考虑到砖的颜色如果一样的话，整个屋顶会显得很平，因此在图层窗口里的填充颜色上右击，可以增加绘图，使用画笔来丰富砖的颜色（图 4 - 19 - 23）。

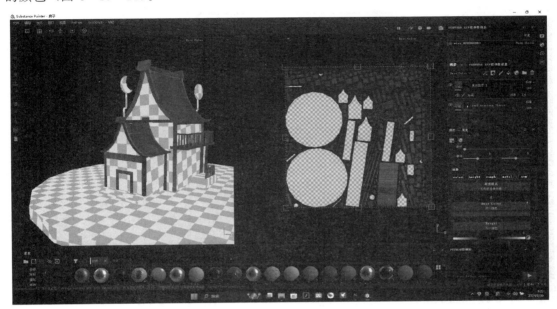

图 4 - 19 - 23 瓦片贴图

使用相同的办法将贴图贴到房子的墙上和其他模型上（图 4 - 19 - 24）。

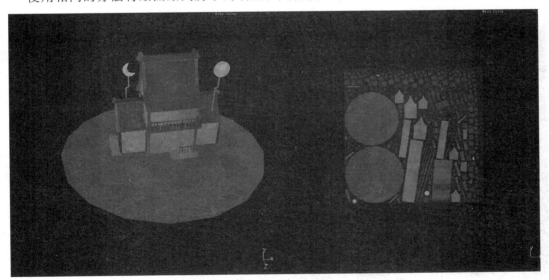

图 4 - 19 - 24 多次贴图应用

在文件菜单上选择导出贴图，出现"导出贴图"选项的界面后，修改贴图的位置。因为目前只有 Basecolor（基本颜色）贴图，所以选择 2Dview 模式，同时修改贴图的格式为 jpg。这样导出的贴图就能够被三维软件所识别（图 4-19-25、图 4-19-26）。

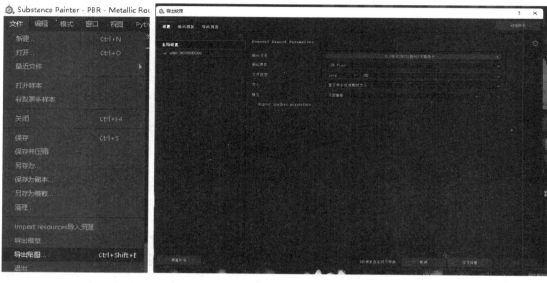

图 4-19-25　导出贴图1　　　　　　　　　　　　图 4-19-26　导出贴图2

将贴图应用在 3ds Max 当中赋予相应的模型（图 4-19-27）。最终渲染效果如图 4-19-28 所示。

图 4-19-27　软件截图

图 4－19－28　渲染图

4.20 案例 20：游戏武器建模

本图为参考图，需要导入到三维软件中（图 4 - 20 - 1）。

在文件夹里查看图片的信息，主要是图像的尺寸，如图的分辨率为 408×590 像素（图 4 - 20 - 2）。

图 4 - 20 - 1　导入参考图

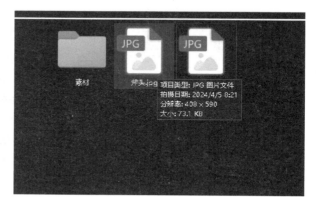

图 4 - 20 - 2　文件夹图片信息查看方式

在 3ds Max 建一个比例跟图片一样的平面，比例一致能够保证图片没有被拉伸或挤压（图 4 - 20 - 3、图 4 - 20 - 4）。

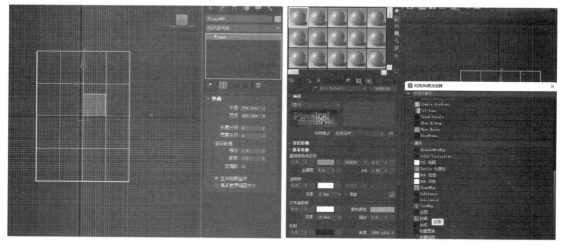

图 4 - 20 - 3　新建平面图片 1　　　　　　　图 4 - 20 - 4　新建平面图片 2

将贴图赋予平面并显示出来（图 4 - 20 - 5）。用图形的线将斧头勾出来（图 4 - 20 - 6）。

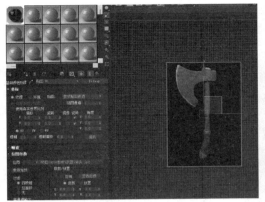

图 4 - 20 - 5　将贴图赋予给平面

图 4 - 20 - 6　勾出斧头

增加挤出命令，挤出斧头的基本造型（图 4 - 20 - 7）。制作刀刃部分，使用 FFD3×3×3 修改器，压扁刀刃位置让其变薄（图 4 - 20 - 8）。挤出刀刃（图 4 - 20 - 9）。使用点塌陷让造型形成刀刃（图 4 - 20 - 10）。

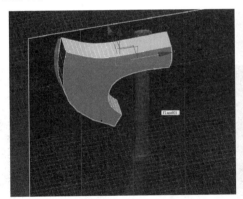

图 4 - 20 - 7　挤出

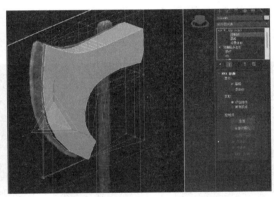

图 4 - 20 - 8　FFD 应用

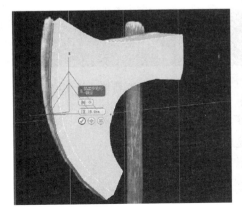

图 4 - 20 - 9　挤出刀刃

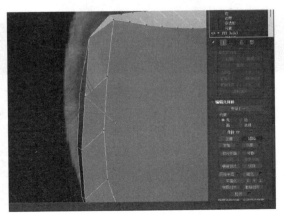

图 4 - 20 - 10　形成刀刃

使用 Retopololy 重新运算，快速得到造型（图 4 - 20 - 11）。修正一些点，让造型更加准确（图 4 - 20 - 12）。

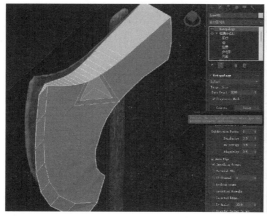

图 4 - 20 - 11　使用 Retopololy 重新运算

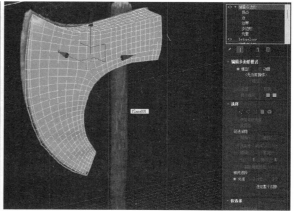

图 4 - 20 - 12　修正造型

制作斧头的手柄部分（图 4 - 20 - 13）。使用圆环和螺旋形制作缠绕部分（图 4 - 20 - 14）。

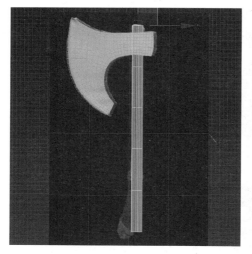

图 4 - 20 - 13　制作斧头的手柄部分

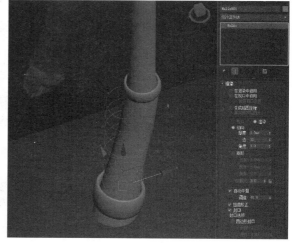

图 4 - 20 - 14　制作缠绕部分

使用挤出命令制作绑带（图 4 - 20 - 15）。增加 FFD3×3×3 调整位置（图 4 - 20 - 16）。

使用 RizomUV 对斧头模型展开 UV（图 4 - 20 - 17）。

将斧头模型的 UV 展开并排布好（图 4 - 20 - 18）。

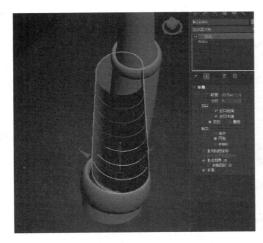

图 4 - 20 - 15　制作绷带

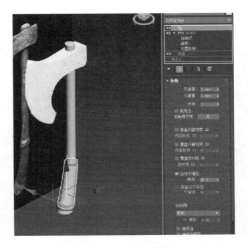

图 4 - 20 - 16　调整绷带位置

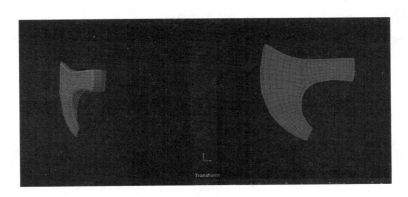

图 4 - 20 - 17　对斧头模型展开 UV

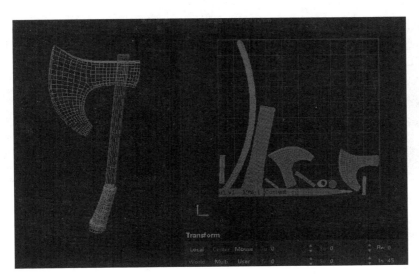

图 4 - 20 - 18　将斧头模型的 UV 展开并排布好

使用智能材质赋予斧头的各部分，如图中的金属质感由智能材质提供（图 4 - 20 - 19）。

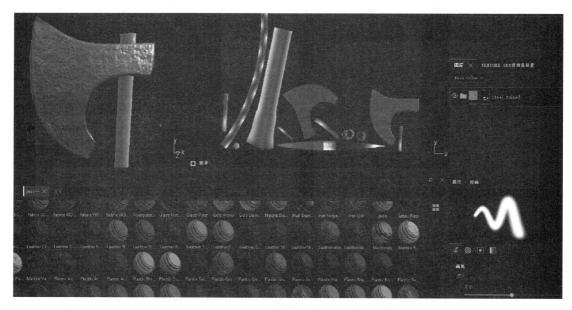

图 4 - 20 - 19　使用智能材质赋予斧头的各部分

刀刃的部分和刀柄的木制效果都由智能材质提供（图 4 - 20 - 20）。

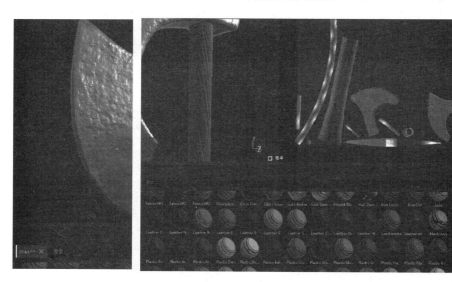

图 4 - 20 - 20　智能材质

完成斧头的贴图绘制（图 4 - 20 - 21）。

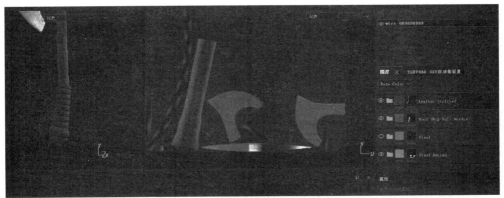

图 4 - 20 - 21 完成斧头的贴图绘制

只导出一张基础贴图（图 4 - 20 - 22）。

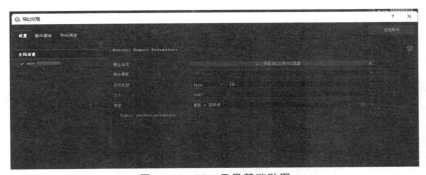

图 4 - 20 - 22 只导基础贴图

将贴图赋予到漫反射的贴图上，渲染出来的效果如图所示（图 4 - 20 - 23、图 4 - 20 - 24），按照 Vray 的金属粗糙度模式进行贴图导出（图 4 - 20 - 25）。

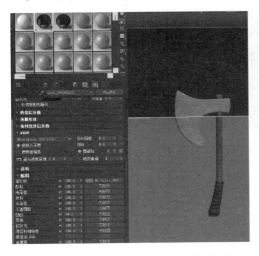

图 4 - 20 - 23 贴图赋予到漫反射的贴图上

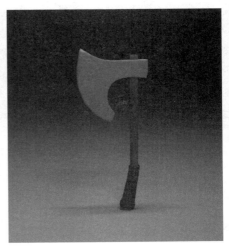

图 4 - 20 - 24 贴图赋予到漫反射
的贴图上渲染出来的效果

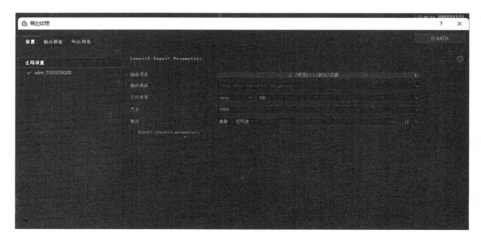

图 4 - 20 - 25   贴图导出

将基础颜色贴图、法线贴图、粗糙度和金属度贴图赋予对应的贴图（图 4 - 20 - 26）。最终渲染效果如图 4 - 20 - 27 所示。

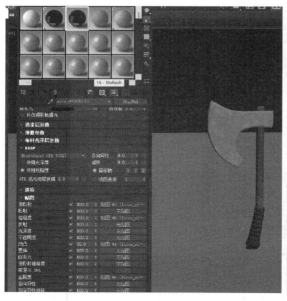

图 4 - 20 - 26   赋予对应的贴图

图 4 - 20 - 27   渲染出的效果

4.21　案例 21：卡通人物建模

本案例适合游戏、动画专业的建模学习，使用比较简单的建模案例（图 4 - 21 - 1、图 4 - 21 - 2），学员可以轻松了解角色建模的过程。

图 4 - 21 - 1　参考图 1

图 4 - 21 - 2　参考图 2

了解参考图片的尺寸（图 4 - 21 - 3），确保导入的参考图没有被拉伸或挤压，保证还原设计稿（图 4 - 21 - 4）。

图 4 - 21 - 3　了解图片的尺寸

图 4 - 21 - 4　确保导入的参考图没有被拉伸或挤压

根据情况建立一个初始的几何体，采用一个球体（图 4 - 21 - 5），注意设置的分段数不能太多，太多可能很难调整，另外需要有个中心线，方便后面使用镜像功能。

在材质编辑器里设置一个透明材质赋予球体，这样可以清晰地看到球体的线和后面的参考图。复制一个球体到左视图，使用实例方式（图 4 - 21 - 6）。

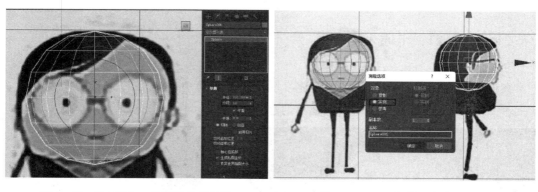

图 4 - 21 - 5　建立一个初始的几何体　　　　图 4 - 21 - 6　复制一个去左视图

对复制到左视图的球体逆时针旋转 90°，使得球体的方向跟脸的方向一致（图 4 - 21 - 7）。

图 4 - 21 - 7　复制到左视图的球体逆时针旋转 90°

注意：使用这个方法的好处是可以不用切换视图调整造型，相对比较方便。因为两个球体是以实例的方式复制的，任何一个球体有变化另外一个也会跟着变化，两个角度调整两个模型如同一个角度调整一个模型。

根据参考图的造型调整球体的点和线，让其符合角色的造型。虽然是调整两个球体，但实际上是实例复制，因此两个球体的造型保持一致（图 4 - 21 - 8）。

图 4 - 21 - 8　两个球体的造型保持一致

很多模型是对称的，为了减少工作量可以删除一半的模型，然后通过对称的方法复制出另外一半（图4-21-9）。

图 4-21-9　删除一半的模型，用对称的方法复制另外一半

使用对称修改器，出来轴向外，可能需要勾选"翻转"选项才能得到正确模型（图4-21-10）。

图 4-21-10　对称修改器

修改器是一层一层往上叠加的，需要修改下级修改器时，激活"显示最终结果"选项就可以观察最终结果（图4-21-11）。

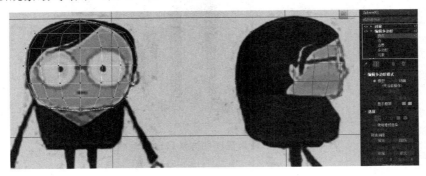

图 4-21-11　激活"显示最终结果"

　　角色的眼睛造型基本上是一个正圆，可以使用图形合并的方法找出眼睛的位置（图 4 - 21 - 12）。同样是使用对称的方法做出模型的另外一半（图 4 - 21 - 13）。

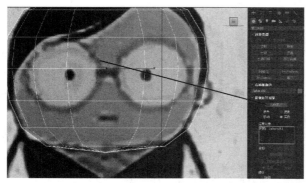

图 4 - 21 - 12　图形合并

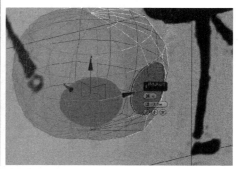

图 4 - 21 - 13　使用对称的方法

做出模型的另一半

　　基本上使用同样的方法做出角色的模型（图 4 - 21 - 14）。

图 4 - 21 - 14　使用同样的方法做出角色的模型

在 RizomUV 展开 UV，可以参考其他章节（图 4-21-15）。

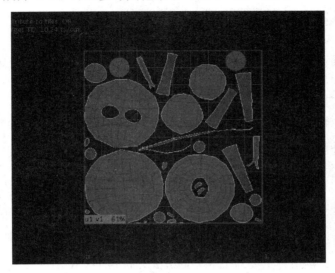

图 4-21-15　在 RizomUV 展开 UV

使用贴图软件进行贴图的绘制，并将贴图赋予三维软件的模型（图 4-21-16）。

图 4-21-16　将贴图赋予三维软件的模型

4.22　案例 22：贴图坐标系统

贴图坐标是指定几何体上贴图的位置、方向以及大小。坐标通常以 U、V 和 W 指定，其中 U 是水平维度，V 是垂直维度，W 是可选的第三维度，表示深度。如果将贴图材质应用到没有贴图坐标的对象上，渲染器就会指定默认的贴图坐标。内置贴图坐标是针对每个对象类型而设计的。长方体贴图坐标在它的六个面上，在上面分别放置重复的贴图。作用于圆柱体，图像沿着它的面包裹一次，而它的副本则在末端封口进行扭曲。作用于球体，图像也会沿着它的球面包裹一次，然后在顶部和底部聚合。收缩包裹贴图也是球形的，但是它会截去贴图的各个角，然后在一个单独的极点将它们全部结合在一起，创建一个极点。3ds Max 提供两种主要的 UV 贴图方式，包括 UVW 贴图和 UVW 展开，都是通过增加修改器的方式得到的。

UVW 贴图适合一些几何体的模型，只需要根据模型的造型选择贴图模式便可，能够很快适配模型的贴图（图 4－22－1）。

根据模型的造型选择贴图的模式（图 4－22－2、图 4－22－4）。

根据贴图的特点确定贴图与模型的对齐方式（图 4－22－3）。

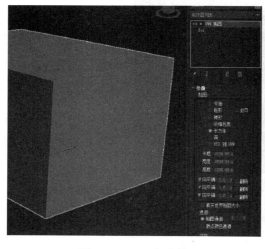

图 4－22－1　长方体

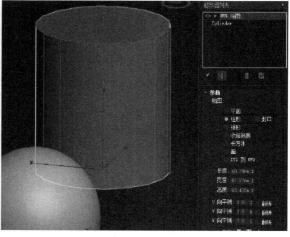

图 4－22－2　柱形

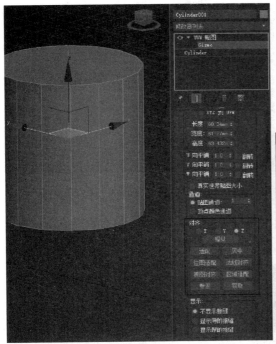

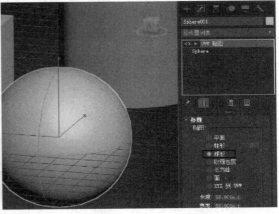

图 4-22-3　对齐方式　　　　　　　　　　　　图 4-22-4　球形贴图

　　UVW 展开适合做精细贴图的模型，通过展开使模型成为一个平面。关于模型 UV 展开的方法，本书有使用 RizomUV 的方法，该方法对于一些大型场景更加高效（图 4-22-5）。

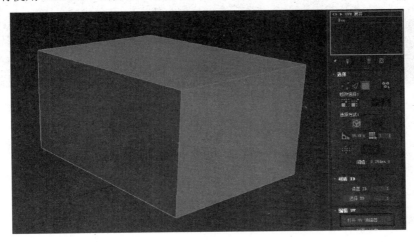

图 4-22-5　打开 UV 编辑器

　　打开 UV 编辑器后出现新的窗口（图 4-22-5），可以看到长方体的六个面被重叠在一起，点击"贴图"选项后选择展开贴图（图 4-22-6）。

　　长方体的六个面连在一起，像是一个盒子被剪开平摊一样（图 4-22-7）。

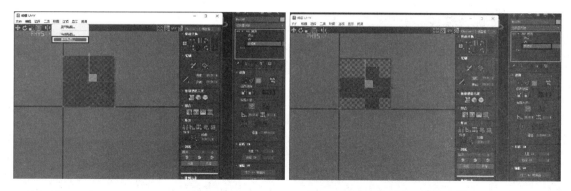

图 4 - 22 - 6 展开贴图　　　　　　　图 4 - 22 - 7 长方体的六个面连在一起

切换贴图的显示方式，改为棋盘格的贴图（图 4 - 22 - 8），如果模型的棋盘格显示大小均匀没有弯曲，则 UV 是正确的。

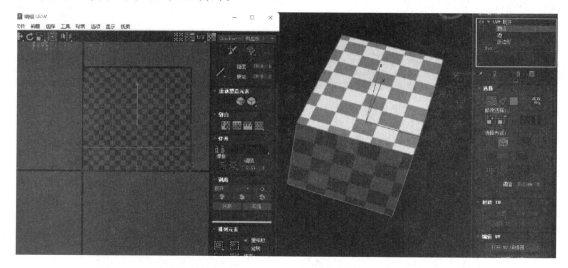

图 4 - 22 - 8 棋盘格的贴图

4.23 案例 23：渲染器和材质贴图

3ds Max 自带 Arnold 渲染器，是一款高级的、跨平台的渲染 API，是基于物理算法的电影级别渲染引擎，由 SolidAngleSL 开发，目前被越来越多的好莱坞电影公司以及工作室作为首席渲染器使用。Arnold 渲染器特点有：运动模糊、节点拓扑化、支持即时渲染、节省内存损耗等。其对 XP 支持更好，体积光效果更优秀，MAC 系统或 WIN 系统都可以使用。在 2016 年 Autodesk 公司收购 Arnold 渲染之后，3ds Max 和 Maya 的标准渲染就被确定为 Arnold 渲染，Arnord 渲染器也开始将 GPU 渲染融合进来，拓宽了渲染器的应用。2024 版的 3ds Max 将 Arnold 作为默认渲染器。

Vray 渲染器是目前在业界非常受欢迎的渲染引擎，基于 V-Ray 内核开发了 V-Ray for 3ds Max、Maya、Sketchup、Rhino 等诸多版本，为不同领域的优秀 3D 建模软件提供了高质量的图片和动画渲染，方便使用者渲染各种图片。Vray 渲染器是一个高级全局照明渲染器，是专业渲染引擎公司 Chaos Software 公司设计完成的拥有"光线跟踪"和"全局照明"功能的渲染器。目前 Vray 渲染器有着庞大的用户群体，特别受到从事环境设计、室内设计等工作人员的青睐，而且 Vray 渲染器有着大量的资源可以被直接调用，能够更快渲染出高质量的作品。

打开材质编辑器（图 4 - 23 - 1）。对于习惯材质球的编辑模式的人员，可以切换到精简材质编辑器（图 4 - 23 - 2）。

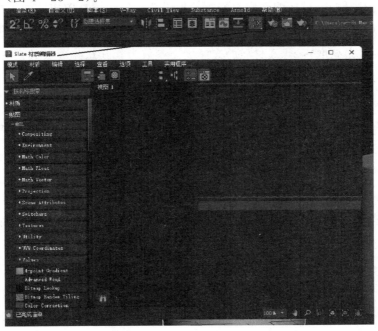

图 4 - 23 - 1 打开材质编辑器

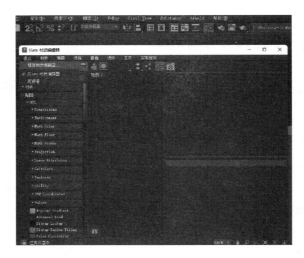

图 4 - 23 - 2　精简材质编辑器

在三维图像数字创作当中，有多种三维软件可以应用，如 3ds Max、Maya、C4D、Sketchup、Bender 等，每款软件有着其独特的技术开发的渲染器，用户可以非常便利地应用不同的软件创作高质量的作品。不同的渲染器一般会对应不同的材质贴图，以便更好发挥贴图的效果。本书以 Vray 渲染器作为教学内容，由于 Vray 渲染器需要另外安装，需要同学们另外下载 Vray 渲染器并安装。

（1）默设材质球的选项设置（图 4 - 23 - 3）。

Diffuse（漫散射）：材质的漫散射颜色。可以在折射贴图栏中用贴图替代它的倍增。

Reflect（反射）：反射的倍增器。可以在反射贴图栏中用贴图替代它的倍增。

Glossiness（光亮度）：代表材质的光泽度。参数为 0.0 意味着极其模糊的反射。参数为 1.0 将关闭光泽度（Vray 将产生绝对尖锐的反射效果）。注意要打开光泽度增加渲染时间。

Subdivs（细分）：控制发射出的估算平滑反射的光线的数量。当 Glossiness 的参数设为 1.0 时，细分值没有效果（Vray 不发射任何光线估算平滑）。

（2）Vray 材质球的选项设置（图 4 - 23 - 4）。

Fresnel reflection（菲涅耳反射）：当这个选项打开时，反射模拟真实世界中的玻璃效果。这意味着当光线和表面的角度趋向 0°时反射淡出（当光线几乎和表面平行时反射将更突出，当光线和表面几乎垂直时没有反射）。

Maxdepth（最大深度）：最大的贴图光线深度，光线深度越大，贴图越趋黑色。

Refract（折射）：折射的倍增器。可以在折射贴图栏中用贴图替代它的倍增。

IOR（折射率）：决定材质折射的折射率。选择合适的数值可以产生类似水、钻石、玻璃等的折射效果。在术语表单元中可以找到折射率数值列表。

图 4 – 23 – 3　默认材质球　　　图 4 – 23 – 4　切换 Vray 材质球

Translucent（透明）：打开透明。注意光线必须具有 Vray 阴影对透明物体才有效。光泽也必须打开。Vray 使用雾色测定光线穿过表面下的介质的数值。

Thickness（厚度）：这个数值决定透明层的厚度值，当光线深度达到这个数值，Vray 不再跟踪表面下的光。

设置一个玻璃材质：反射调成白色，折射调成白色，IOR 的参数调成 1.517（图 4 – 23 – 5）。

注意：反射和折射的黑色即是没有反射和折射，从黑色到白色，反射和折射越来越强烈。

图 4 – 23 – 5　玻璃材质的设置

总的来说，漫反射、反射和折射是非常重要的三项参数，在处理过程中根据材质的特点进行调整（图 4 - 23 - 6）。

除了漫反射、反射、折射等可以调整，还有其他各种参数组合，处理参数是一个复杂的过程，需要掌握各种参数的应用（图 4 - 23 - 7）。

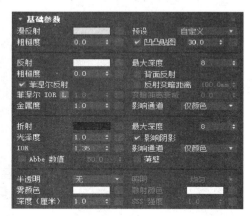

图 4 - 23 - 6　黄金材质的设置

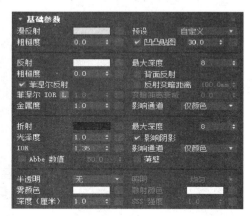

图 4 - 23 - 7　各种参数组合处理

4.24　案例 24：如何调用材质贴图

给图中的椅子和地板赋予材质，椅子架子为铜材质，垫子为人造皮，地面为木地板
（图 4－24－1）。

图 4－24－1　椅子模型

点击 Vray Mtl，点击"材质/贴图浏览器"的小三角选项，选择打开材质库
（图 4－24－2）。

打开这个 Vray 材质库找到"木地板.mat"（图 4－24－3）。

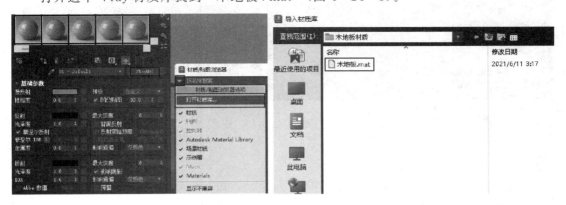

图 4－24－2　打开材质库　　　　　　　图 4－24－3　找到"木地板.mat"

材质库被导入后，显示"木地板.mat"下的哑光工字板便在Vray材质库中了，点击哑光工字板将材质赋予材质球（图4-24-4）。

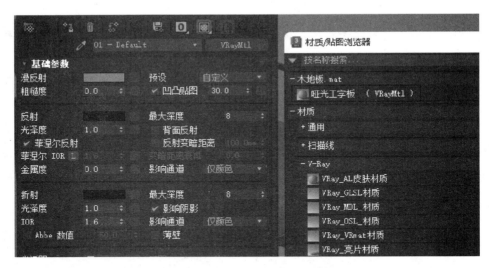

图4-24-4 点击哑光工字板

注意：mat文件是Vray的材质格式，通常这个文件会带有一些图片作为贴图。

选择木地板，将材质赋予地板并调整好地板的UV，贴图显示正确（图4-24-5）。

同样的办法做椅子的架子和垫子的材质（图4-24-6）。

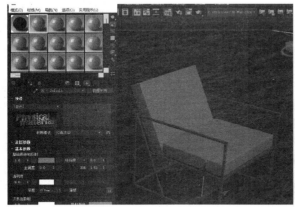

图4-24-5 调整好地板的UV

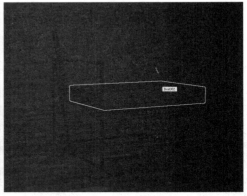

图4-24-6 同上图的方法做椅子的架子和垫子的材质

这些贴图可能需要重新确定位置（图4-24-7），以保证材质的正确，通常下载的材质库都会附带一些贴图。

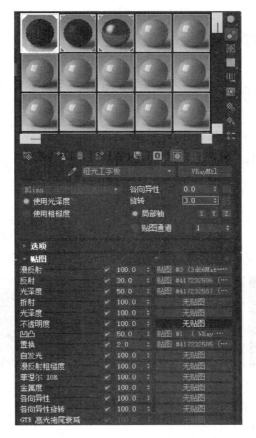

图 4 - 24 - 7　重新确定贴图的位置

最后呈现的完整渲染效果如图 4 - 24 - 8 所示。

图 4 - 24 - 8　渲染图

4.25　案例25：灯光和 Vray 渲染

软件所创作的是视觉作品，视觉作品以光线、颜色等来表现效果。在渲染过程中灯光系统是非常重要的一部分，在很大程度上决定了画面的效果。3ds Max2024 自带多个渲染器，如扫描线渲染器、阿诺德渲染器，也可以安装我们使用较多的 Vray 渲染器。不同的渲染器拥有不同的灯光系统。在实际使用过程中，一般是使用某个渲染器后就会使用该渲染器的灯光系统。现在先介绍一下 3ds Max 系统自带的标准灯光系统的内容和原理，基本上其他渲染器的灯光系统也是同样的原理。

图 4-25-1、图 4-25-2 分别是标准灯光系统和 Vray 灯光系统，阿诺德灯光（图 4-25-3）更加简洁，只有一个灯，但可以通过修改灯光的属性改变灯光的特点。

图 4-25-1　标准灯光

图 4-25-2　阿诺德灯光

图 4-25-3　阿诺德灯光

1. 标准灯光类型及原理

软件默认提供了六种类型的标准灯光：目标聚光灯、自由聚光灯、目标平行光、自由平行光、泛光灯、天光，这六种灯光都可通过"创建"命令面板中"灯光"项目栏中的"标准灯光"创建。

目标聚光灯：聚光灯像闪光灯一样投射聚焦的光束，如同在剧院中或椅灯下的聚光区。目标聚光灯使用目标对象指向摄影机。

自由聚光灯：与目标聚光灯不同，自由聚光灯没有目标对象。可以自由移动旋转聚光灯以使其指向任何方向。

目标平行光：目标平行光以一个方向投射平行光线，主要用于模拟太阳光。可以调整灯光的颜色和位置并在 3D 空间中旋转灯光。目标平行光使用目标对象指向灯光。由于平行光线是平行的，所以平行光线呈圆形或矩形棱柱而不是圆锥体。

自由平行光：与目标平行光不同，自由平行光没有目标对象。移动和旋转灯光对象以将其指向任何方向。当在日光系统中选择"标准太阳"时，使用自由平行光。

泛光灯：从单个光源向各个方向投射光线。泛光灯用于将辅助照明添加到场景中，或模拟点光源。泛光灯可以投射阴影和投影。单个投射阴影的泛光灯等同于六个投射阴影的聚光灯，从中心指向外侧。当设置由泛光灯投射的贴图时（该泛光灯要使用"球形""圆柱形""收缩包裹环境"坐标进行投射），投射贴图的方法与映射到环境中的方法相同。当使用"屏幕环境"坐标或"显式贴图通道纹理"坐标时，将以放射状投射贴图的六个副本。

天光：灯光建立日光的模型，与光跟踪器一起使用，可以设置天空的颜色或将其指定为贴图。将天空建模作为场景上方的圆屋顶。当使用默认扫描线渲染器渲染时，天光最好使用光跟踪器或者光能传递。

2. 标准灯光的重要参数

强度：标准灯光的强度为其 HSV 值。当该值为完全强度（参数为 255）时，灯光最亮；当该值为 0 时，灯光完全消失。光度学灯光的强度由真实强度值设置，以流明、坎德拉或照度为单位。

入射角：软件使用从灯光对象到物体表面的一个向量和面法线来计算入射角。当入射角为 0°（也就是光源垂直曲面入射）时，曲面完全照亮。如果入射角增加，则衰减有效，或如果灯光有颜色，则曲面强度减小。灯光的位置和方向与对象相关，并且控制场景中入射角的内容。

衰减：对于标准灯光，默认设置下衰减为禁用状态。要使用衰减着色或渲染场景，则对于一个或多个灯光，将其启用。标准灯光的所有类型支持衰减。在衰减开始和结束的位置可以显示设置。这只是一部分操作，因此不必担心要在灯光对象和照明的对象之间设置严格的逼真距离。更重要的是，使用该功能可以微调衰减的效果。在室外场景中，衰减可以增强距离的效果。在室内设置中，衰减对于低强度光源（如蜡烛）非常有用。光度学灯光始终衰减，实际上使用平方反比衰减（如果是 IES 太阳光，则其强度较大会使其衰减不明显）。

反射光和环境光：使用默认的渲染器进行渲染，并且标准灯光不计算场景中对象反射的灯光效果。因此，使用标准灯光照明场景通常要求添加比实际需要更多的灯光对象。但是，可以使用光能传递来显示反射灯光的效果。若不使用光能传递解决方案时，可以使用渲染下环境窗口调整环境光的颜色和强度。环境光影响对比度。环境光的强度越高，场景中的对比度越低。环境光的颜色可以为场景染色。环境光是从场景中其他对象获取其颜色的反射光。但在多数情况下，环境光的颜色应该是场景主光源的颜色组件。

颜色：可以设置灯光的颜色。可以使用颜色温度的 RGB 值作为场景主要照明的指南，一般情况下倾向于感觉场景由白色灯光照亮（这是称为颜色恒定性的概念现象），因此精确复制光源颜色可以使渲染场景看起来不是奇怪的颜色。

本书的案例基本上使用 Vray 渲染器，现在介绍一下 Vray 的灯光系统。

VRayLight 是一种特定于 V-Ray 的光源对象，可用于创建不同形状的物理精确区域光。通过 3ds Max 的"创建"面板（或"创建"菜单）创建灯光时，或者在创建灯光后，通过 3ds Max"修改"面板，通过选项选择形状。

VRayLight 可以设置为以下任一种类型（图 4 – 25 – 4）：

平面灯（plane）、穹顶灯（dome）、球体灯（sphere）、网格灯（mesh）、圆盘灯（disc）。

使用"VRayLight 常规"卷展栏中的"类型"参数设置可更改灯光类型。

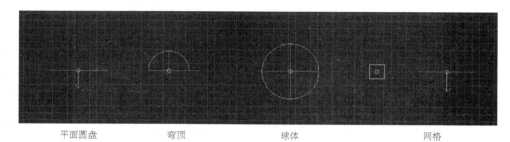

平面圆盘　　　　穹顶　　　　　　球体　　　　　　网格

图 4 – 25 – 4　VRayLight 可以设置为图中任何一种类型

是否需要双面发光，默认在渲染时看到灯，勾选后渲染只会发出光，但不出现灯（图 4 – 25 – 5）。网格灯需要拾取场景的网格（图 4 – 25 – 6）。

图 4 – 25 – 5　是否需要双面发光

图 4 – 25 – 6　网格灯需要拾取场景的网格

注意：在实际操作过程当中会遇到一些会发光的物体。这时候需要使用到发光材质贴图，在必备的材质当中有发光材质可供选择，将发光材质贴到模型上，该模型便有了发光的功能（图 4 - 25 - 7）。

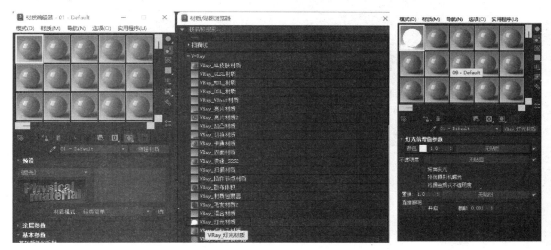

图 4 - 25 - 7　将发光材质贴到模型上

平面光为矩形光源。这种类型的灯适用于表示一些嵌入式天花板照明，重点照明灯和其他依赖于区域的光源。可以使用"矩形/圆盘"卷展栏中的"方向"参数调整其光锥。

穹顶灯通常配合 vrayhdri 贴图使用，光从包围整个场景的球形或半球形圆顶的区域均匀地向内照射。圆顶灯通常与高动态范围纹理一起使用，以将各种颜色的光照射到场景中（基于图像的照明）。

球体灯，一个球形的光源，类似标准光的泛光灯。

圆盘灯是新版增加的新光源，非常好用，可以灵活模拟射灯、平行光、天光，如今应在越来越多的场景中。

图中的场景已经处理好模型和材质了，需要打上灯光后再渲染（图 4 - 25 - 8）。

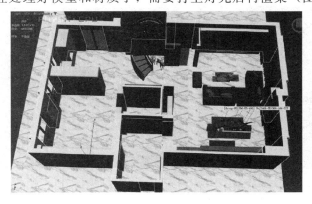

图 4 - 25 - 8　打上灯光后再渲染

Vray 的平面光，光的方向向内，让人感觉光从整个窗户进来（图 4-25-9）。

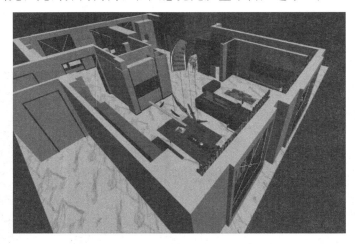

图 4-25-9　Vray 的平面光

Vray 平板灯做天花灯带，因为设计是无主灯的设计，灯带藏在天花板里，灯光经过反射变得柔和（图 4-25-10）。

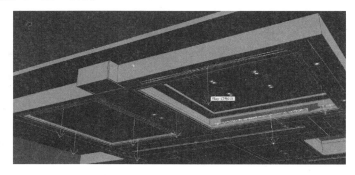

图 4-25-10　Vray 的平面光 1

Vray 平面光，一般放在柜板下，用以打亮柜子增加效果（图 4-25-11）。

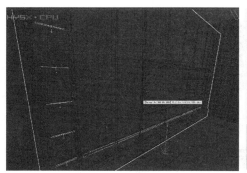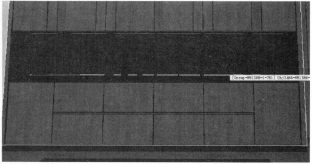

图 4-25-11　Vray 的平面光 2

VrayIES 射灯，选择不同的 IES 文件得到不同的光斑效果（图 4 – 25 – 12）。

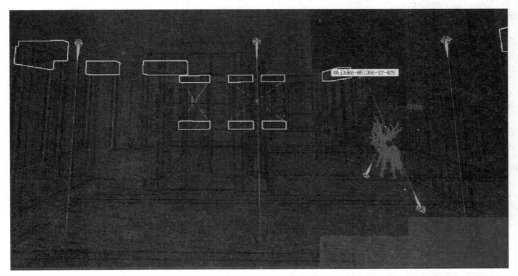

图 4 – 25 – 12　Vray 的平面光 3

Vray 球体灯，均匀打亮台灯（图 4 – 25 – 13）。

标准灯的目标聚光灯，灯光较硬，模拟太阳光也可以用 Vray 太阳光（图 4 – 25 – 14）。

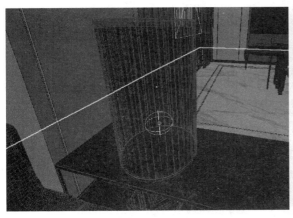

图 4 – 25 – 13　均匀打亮台灯

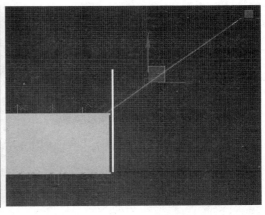

图 4 – 25 – 14　Vray 太阳光

创建标准摄影机，将摄影机放到房子的外面（图 4 – 25 – 15）。

由于摄影机的镜头焦距不能调得太短，故将摄影机放在房子外，是为了避免摄影机被墙挡着，可以勾选手动剪切，调整位置（图 4 – 25 – 16）。

注意：摄影机的焦距短，能够观察更宽的范围，如广角镜头，但也会造形物体的变形，因此设置适当的焦距是非常重要的。

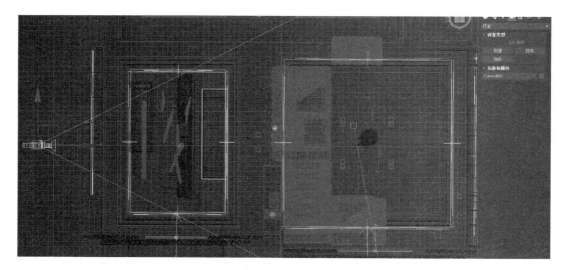

图 4 - 25 - 15　Vray 的平面光

图 4 - 25 - 16　Vray 的平面光

4.26 案例 26：园林效果图创作

本案例适合园林专业、环境设计专业的建模学习。本案例选取一个小公园作范例，将已经设计好的 CAD 图纸导入 3ds Max 做基本建模工作，其中对模型 UV 的处理，基本上是几何体模型使用 UVW 贴图修改器处理。一些异形体使用 UVW 展开，为保证贴图的正确，最好给模型贴一个棋盘格贴图观察，主要不同类的模型要赋予不同的材质球，这样才能在 Twinmotion 里区分材质。

导入园林设计的 CAD 图纸，注意导入时的单位设置，保证尺寸正确（图 4-26-1）。

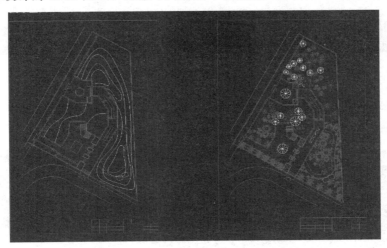

图 4-26-1 导入园林设计的 CAD 图纸

使用图形的线工具进行绘制，在绘制的时候不必要求精确，可以在闭合后再修改（图 4-26-2）。

修改闭合的线，注意不能相交，然后挤出形成立体造型（图 4-26-3）。

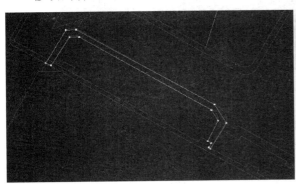

图 4-26-2 使用图形的线工具进行绘制

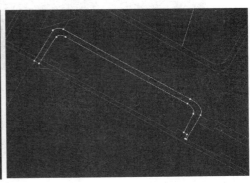

图 4-26-3 修改闭合的线

依次用线勾出其他造型，并挤出得到基本模型（图 4 - 26 - 4）。

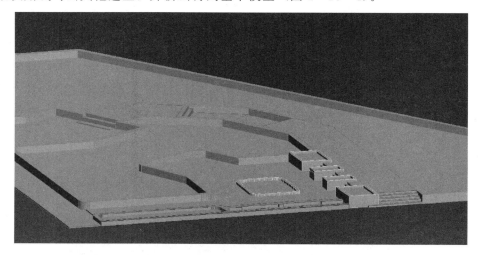

图 4 - 26 - 4　用线勾出其他造型

材质编辑器中有多个棋盘格材质（图 4 - 26 - 5），用于赋予到不同类模型，每个材质球等于一类贴图，在 Twinmotion 里赋予材质时能够区分开来。

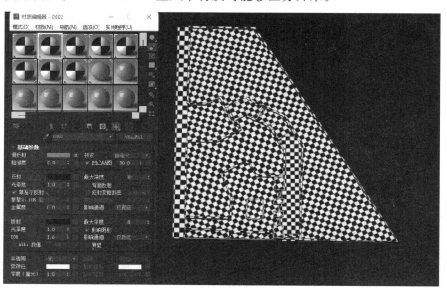

图 4 - 26 - 5　棋盘格材质

这一步非常重要，关系到贴图是否正确，使用 UVW 贴图和 UVW 展开得到 UV，需要棋盘格贴图观察贴图是否正确统一，不同类的模型是否需要不同的材质球，确保在 Twinmotion 里赋予的贴图正确。

导出 FBX 文件（图 4 - 26 - 6）。

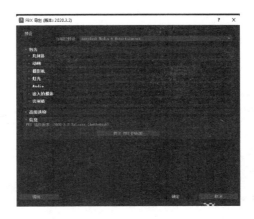

图 4 – 26 – 6　导出 FBX 文件

在 Twinmotion 里导入模型（图 4 – 26 – 7）。

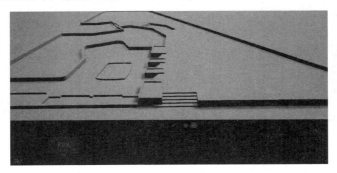

图 4 – 26 – 7　在 Twinmotion 里导入模型

在 3ds Max 里已经处理好 UV 了，需要将 Twinmotion 里的贴图赋予相应的模型（图 4 – 26 – 8）。

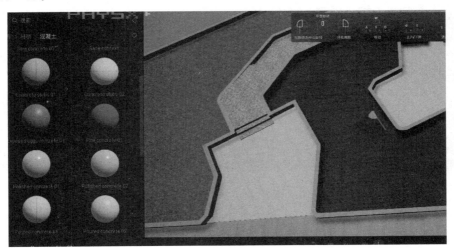

图 4 – 26 – 8　贴图

在模型库里将植物的模型拖到合适的位置，可以调整植物的年龄并控制高度，还可以调整树叶和树皮的颜色（图4-26-9）。

将需要用在场景中的植物拖到笔刷的素材池里，特别像一些灌木和草的模型，用笔刷便可随机刷出植物的模型（图4-26-10）。

图 4 - 26 - 9 建构植物模型

图 4 - 26 - 10 刷模型

　　将场景中需要的路灯、公共座椅等拖到场景中，调整好摄影机的位置录制图片并导出（图 4 - 26 - 11）。

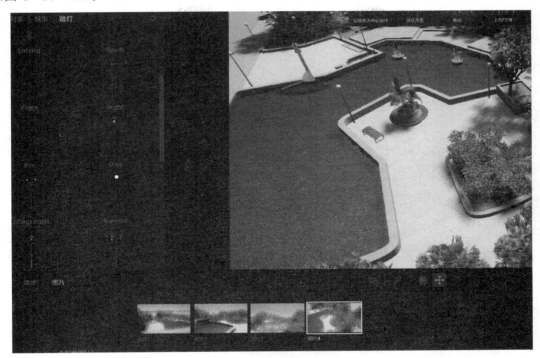

图 4 - 26 - 11　设置公共设施

　　最终渲染效果如图 4 - 26 - 12～图 4 - 26 - 15 所示。

图 4 - 26 - 12　渲染图 1

图 4 - 26 - 13　渲染图 2

图 4 - 26 - 14　渲染图 3

图 4 - 26 - 15 渲染图 4